NAVIGATING THE LABYRINTH
AN EXECUTIVE GUIDE TO DATA MANAGEMENT

穿越数据的迷宫

数据管理执行指南

[美] 劳拉 · 塞巴斯蒂安-科尔曼
(Laura Sebastian-Coleman) 著

汪广盛 等译

机械工业出版社
CHINA MACHINE PRESS

本书分12章重点阐述了数据管理的重要性，数据管理的挑战，DAMA的数据管理原则，数据伦理，数据治理，数据生命周期管理的规划和设计，数据赋能和数据维护，使用和增强数据，数据保护、隐私、安全和风险管理，元数据管理，数据质量管理，以及现在应该怎么办，能够帮助企业管理层在了解和执行数据管理的过程中不致迷失在技术术语的迷宫之中。本书可供非数据专业人士、企业管理者、数据行业研究者等读者学习和参考。

图书在版编目（CIP）数据

穿越数据的迷宫：数据管理执行指南/(美)劳拉·塞巴斯蒂安-科尔曼(Laura Sebastian-Coleman)著；汪广盛等译. —北京：机械工业出版社，2020. 1

书名原文：Navigating the Labyrinth: An Executive Guide to Data Management

ISBN 978-7-111-64475-0

Ⅰ. ①穿…　Ⅱ. ①劳…　②汪…　Ⅲ. ①数据管理　Ⅳ. ①TP274

中国版本图书馆CIP数据核字（2019）第293814号

机械工业出版社（北京市西城区百万庄大街22号　邮政编码100037）
策划编辑：张星明　责任编辑：张星明　李　前
责任校对：刘晓宇　责任印制：赵晓晨
装帧设计：高鹏博
北京中科印刷有限公司印刷
2020年3月第1版·第1次印刷
170mm×242mm·12.75印张·156千字
标准书号：ISBN 978-7-111-64475-0
定价：58.00元

电话服务	网络服务
客服电话：010-88361066	机　工　官　网：www. cmpbook. com
010-88379833	机　工　官　博：weibo. com/cmp1952
010-68326294	金　　书　　网：www. golden-book. com
封底无防伪标均为盗版	机工教育服务网：www. cmpedu. com

思考，就是在一大堆问题的海洋中航行。在思考的过程中，问题会逐渐明朗。在解决了一个接一个的问题后，到达彼岸自然更具魅力，令人向往。当然，解决问题需要勇气和耐心，但是没有什么比到达新的彼岸更让人高兴的了，航行也是如此。正如葡萄牙诗人卡莫恩斯所说："穿越海洋，到达从未到过的地方。"

——何塞·奥尔特加·伊·加塞特，《人类与人民》

翻译委员会

主　任

汪广盛

副主任

张　卫

委　员

吴大维	王　琤	季国栋	丁岳明
纪晓东	潘　蓉	夏　凡	渠　欢
张　越	赵后钰	秦　凯	刘童桐
黄万忠	彭　云	路莉玲	吴永欢
卢毅辉	刘晓波	张　巽	张旭光

译 者 说 明

本书由国际数据管理协会（Data Management Association，又名 DAMA International，以下简称“DAMA”）中国分会负责翻译。全体翻译人员为 DAMA 志愿者。全书由汪广盛统稿。

翻译人员的具体分工如下：

原版序，翻译吴大维，审校彭云。

绪论，翻译吴大维，审校彭云。

第 1 章，数据管理的重要性，翻译王琤，审校彭云。

第 2 章，数据管理的挑战，翻译季国栋，审校路莉玲。

第 3 章，DAMA 的数据管理原则，翻译丁岳明，审校路莉玲。

第 4 章，数据伦理，翻译纪晓东，审校吴永欢。

第 5 章，数据治理，翻译潘蓉，审校吴永欢。

第 6 章，数据生命周期管理的规划和设计，翻译张卫，审校吴永欢。

第 7 章，数据赋能和数据维护，翻译夏凡，审校卢毅辉、张巽。

第 8 章，使用和增强数据，翻译渠欢，审校卢毅辉。

第 9 章，数据保护、隐私、安全和风险管理，翻译张越，审校卢毅辉、张旭光。

第 10 章，元数据管理，翻译赵后钰，审校刘晓波。

第 11 章，数据质量管理，翻译秦凯，审校刘晓波。

第 12 章，现在应该怎么办，翻译刘童桐，审校刘晓波。

致谢，翻译黄万忠，审校汪广盛。

参考文献，审校汪广盛。

索引，翻译黄万忠，审校汪广盛。

中文版序一

几十年来，国际数据管理协会（以下简称“DAMA”）一直在不断地努力总结全球数据管理行业的理论和实践、经验和教训，并把它们汇总成书出版，形成了国际上公认和有相当权威的数据管理知识体系——DMBOK（Data Management Body of Knowledge）。

基于这个庞大和完整的知识体系，DAMA 前理事、资深会员 Laura Sebastian-Coleman 女士专门为企业管理层写了这本介绍数据管理的基本功能组成、方法和知识的书。尽管势必触及数据管理的一些基本技术，但作者尽量用通俗的语言来介绍和描述它们，以帮助企业管理层在了解数据管理的过程中不致迷失在数据管理技术术语的迷宫之中。这也是本书名为《穿越数据的迷宫：数据管理执行指南》的原因。

随着近年来数据的量和复杂性的快速增加，以及企业管理层和业务层对数据的需求和重要性认识的不断提高，把数据管理好，已远不是多年前认为的只是信息技术部门的事。作者在第 1 章特别指出，尽管数据管理与信息技术有很密切的关系，但它不是或远不只是信息技术。从广义和本质意义上来说，所有人自出生开始就有意识或无意识地与数据互动和打交道，在“管理”数据。在概念上，现在大部分企业和机构的管理层都知道，他们需要以某种方式介入和领导对数据的管理和治理，但具体如何做还需不断实践、加深理解。其中一个主要挑战是管理层和不同业务部门各有不同的语言体系，跨层次、跨部门融合和打通不同的语言需要进行大量的沟通，并互相理解和磨合。我们希望《穿越数据的迷宫：数据管理执行指南》在中国的出版有助于推动这方面的协同努力，使企业和机构的数据能被更好、更全面和更有机地管理和治理起来。

在数据和数字化时代，对于数据管理中的“数据”和“管理”，其内涵和外延都发生了很大的变化。DAMA 中国分会在翻译这本书的过程中，有幸邀请到中国管理科学学会的几位管理专家参与其中，并邀请该学会的张晓东秘书长为本书出版写了序。同时，我也特别感谢为此书的翻译公益付出了许多时间和精力的 DAMA 中国会员。

胡本立

2019 年 9 月 12 日

于华盛顿 DC

中文版序二

大数据技术的兴起及其产业的蓬勃发展，使数据受到空前的重视，数据的重要性已成为普遍的认知。数据无处不在，到今天，大家都在积极开发它的市场、业务和产业。其实，从人类有文明开始就有了数据。不过，数据必须首先被人们所认知，即人类要掌握数据，必定先对其有所认知。因此，胡本立先生说数据管理必须和认知科学相结合。没有认知，就没有数据。尽管数据随处都在，但是没有经过认知，它就不能被呈现出来，更不能体现出价值。今天，数据变得如此重要，是拜大数据技术的兴起所赐。过去，人们没有把数据上升到这样的高度。在数字经济时代，数据已被称为或被当作类似于工业经济时代的石油一样的资源、能源。

我们正处在一个大时代。这是一个全球互联的大时代，互联不仅仅让我们看到了地球是平的，而且世界被一网打尽，无网而不在、无网而不利。人类一家，甚至一体，都在网络生态下奠定了初步的物质基础。这又是一个技术快速迭代发展的时代，技术驱动世界不断发生变化。整个世界、整个人类社会体系都面临着重构。中国已在影响和改变着世界。除了物理世界发生着这些改变，新兴的数字世界也在发生巨大的变化。无论物理世界的变化还是数字世界的变化，都与数据及数据管理密切相关。

1. 认识数据的三个维度

对数据的认识至少可以从三个方面着手。

第一，从数据作为科学的角度看，数据科学或数据的科学化比管理科学更靠谱，管理科学化的难度比数据科学化要大得多。但今天人们谈论和研究的大数据，其实还是多从技术的角度出发，数据科学还有待真正形成和发展。

第二，从经济和社会的角度看，应把数据作为资源。数据当然是无处不在的，而且自古就有、从来就有。数据是一种主观认识到的客观存在，所以，对于数据和数据管理来说，认知科学和智能技术就显得很重要！虽然数据是客观存在的，但如果人们主观上没有认识到，那它就没有任何意义，更遑论价值。就好比空气，如果上海今天天气晴好，而北京有雾霾，你在上海的时候，就感知不到空气中的污染。而北京空气中的雾霾是客观存在的，只有在你认识它、感知它的时候，它才会对你有意义。数字世界或比特世界的数据就好比原子或物理世界的空气一样。存在于数字世界或比特世界的数据，你“呼吸”了，它对你才有意义；负氧离子含量高的空气，你呼吸到了，对你才有价值；没有被认知的数据和呼吸不到的空气，都是没有意义和价值的。关于数据价值，这里暂不展开讨论。数据是资源，也可以称为资产，被认知的数据才能产生价值。

第三，在大数据热的背景下，包括DAMA数据管理知识体系在内的数据管理知识体系具有越来越重要的意义。现有的数据管理知识体系正结合大数据范式升级，包括结合以人工智能、脑科学等为基础的认知科技，这非常重要。说来说去，大数据最终还是数据。大家讲大数据时，往往忽略了基础的数据管理。目前，数据管理还有许多亟待完善的方面。在“炒作”大数据概念的同时，我们有时会忘掉它最基本的一些数据本质的东西，所以，数据管理非常重要，数据的价值必须通过数据管理或者数据治理来体现和实现。这正是今天这本译著出版的意义所在！

2. 数据与管理之间的关系

数据和管理之间至少有三重关系：一是运用数字技术或数据技术进行管理，即用今天方兴未艾的数据技术和未来有望蓬勃发展的数据科学来武装管理学；二是数据管理和数据治理，即对数据本身的管理；三是人、物、事、境等管理对象的数据化。

管理对象的数据化，首先是对管理对象的描述。描述是最基本的，接着在对它进行数据化的改变时，人类会面临更多的新问题和新课题。但今天，我们并没有为此做好准备，法律、道德、伦理等方面都不完善，这将是非常巨大的挑战。站在这个角度上，人、物、事、境最终都可以数据化。所以，我在对管理（管理学）的定义中，加上了“数”：为有效地实现目标，在特定之境（时空条件），围绕经营诸事，规划、配置、组织、协调，控制人、物、数及其相关关系的学问。“数”既是管理的对象，又是所有其他管理对象的表示，所有管理对象都可以表示为“数”。所以，数字经济是由数据及数据的所有应用来驱动的经济。所有的事物最终都可以表示为“数”，或者说可以表示为二进制代码，这是今天数字社会非常重要的观念。

3. 管理的挑战与数据管理

当前，管理面临着诸多挑战：技术超速发展的挑战；不确定性的挑战；资源环境或生态变迁的挑战；新的时空和新的生态的挑战（新的时空里包括微观和宏观两个方面，就是朝两个极端的方向发展）；新新人类的挑战。在今天现实物理世界的自然人中，90 后、00 后等新新人类已经成为生力军、主力军。他们的崛起将给管理提出很多新课题。他们是没有经过短缺时期的一代，是生来就与电子设备相伴的一代。他们常说自己是互联网和数字社会的原住民。所以，自然人将如何进化、怎么发展，对管理和组织都提出了很多挑战。我们需要不断做出选择：方向的选择、路径的抉择、方法的选择。

在这些问题面前，管理需要重构，包括资源的重构、方法的重构、规则的重构、组织的重构、权利或权益的重构、价值的重构，并最终会形成理论的重构。而基于数据的研究将是管理重构非常重要的方面。我们面对两个世界：一个是原子世界，或者说物理世界；另一个是比特世界或者叫数字世界。在这两个世界里，数据是物理世界的表示、表达和符号描述等。在数字世界中，数据则是原材料。如何去开发原材料，如何挖掘、加工、处理原材料，如何使原材料产生价值……这些问题都意味着未来或需要一门基于数据的管理学。每个管理者和每个普通人都需要学习和思考数据的管理。而这本写给非数据技术专业人员的数据管理知识体系的专著，将带领我们穿越数据的迷宫，走进数据管理的殿堂，并成为在当今数字经济时代，我们驾驭爆炸般扑面而来的数据——大数据、中数据、小数据、微数据的有效导引。

应胡本立老师之约，以此粗浅思考为本译著作序。致敬胡老师对我在认知科学和数据管理领域的引领！感谢作者及汪广盛先生领衔的译者团队为我们提供这本深入浅出并耐读速查的好书！

张晓东

2019 年 10 月 8 日

原版序

长期以来，数据管理专业人员在做好本职工作的同时，一直努力倡导数据的重要性，希望能够培养一种崭新的数字文化，从而使领导层能够充分重视诸如提升数据的质量等问题。由于数据的量级、多样性及周转速度等都是以指数方式增长，因此数据管理专业人员的这些倡议显得尤为重要。

作为优秀的数据管理人员，我们希望从书中寻找助力。更确切地说，我们求助于 *DAMA-DMBOK2* [*DAMA-DMBOK*：*Data Management Body of Knowledge. 2nd Edition*，中文版为《DAMA 数据管理知识体系指南（原书第2 版）》]。*DAMA-DMBOK2* 一书有 600 多页，篇幅巨大。书中对许多重要的数据管理理念进行了深刻的探讨。如果你想建立数据管理框架，这本书对你肯定大有裨益。但是，如果你尝试用这本书来说服你的上司，那恐怕就会出问题了。

在众所周知的“电梯游说”（Elevator Pitch）与 *DAMA-DMBOK2* 之间，我们还需要一点简单而实用的知识，以便使管理层能够理解有效的数据管理的重要性——不仅仅是为了组织的成功，也是为了他们个人的成功。我们还需要一本并不比小册子更重，小到可以放入笔记本电脑包随身携带，并提供数据管理重要指南的书。

劳拉·塞巴斯蒂安-科尔曼的《穿越数据的迷宫：数据管理执行指南》

一书正是为解决这个问题而写。这是一本袖珍版的 *DAMA-DMBOK2*。每一位数据管理专业人员都应当买两本，一本给自己，一本给他们的管理者（或者更准确地说，给最有可能将数据理解成机遇的高级管理层）。该书将成为他们首选的参考书和救生索。读者会将书页折角，空白处会出现笔记，同行们将用渴望的眼神注视着它，并希望自己也拥有一本。

DAMA 对能够推出 *DAMA-DMBOK2* 感到无比自豪。多年的辛勤工作，100 多人巨大的投入，我们完成了这本我们视为数据管理“公认”框架的书籍。现在《穿越数据的迷宫：数据管理执行指南》这本书已经准备好打破壁垒，将数据管理送达它应当企及的高度——与所有其他的商业规则一样受到重视。

站在个人角度，我为 *DAMA-DMBOK2* 感到骄傲，但我更为这本轻便同时对 DAMA 丛书具有非凡补充价值的小册子感到骄傲。我相信，有一个人购买和阅读 *DAMA-DMBOK2*，就可能有三到四个人甚至更多的人阅读《穿越数据的迷宫：数据管理执行指南》。感谢劳拉。

[美] 苏·戈伊恩斯（Sue Geuens）

DAMA 总裁

目　录

绪　论

你已经感觉到了，你已经读到了，你已经看到了。在21世纪，可靠的、管理有方的数据已经成为组织成功的关键因素。无论你从事哪个行业——金融、医疗、保险、制造、技术、零售、教育等，你的组织都需要通过数据来开展业务和服务客户。这些数据不仅仅为你的业务流程提供动力，还为你提供支持组织获得成功所需的商业智慧。重要的是，通过对你的组织所产生的数据进行挖掘，你可以更深入地了解目前组织的运营情况，可以应用这些洞察力来改造流程并实现组织的战略目标。

但是，可靠的数据不是偶然产生的。在当今复杂的世界中，管理良好的数据离不开规划和设计、业务和技术流程的治理，以及组织对高质量成果所付出的努力，同时也意味着确保关于客户、产品、业务运营的信息得到安全妥善的维护，防止其被用于犯罪或其他恶意目的。

可靠的数据有赖于成功地执行数据管理领域的各种职能和活动。

DAMA-DMBOK2 一书对这些数据管理的职能和活动进行了详细阐述。理解构成数据管理的职能的宽度和深度，可能是一项艰巨的任务。乍看之下，这些任务可能极其复杂。

本书提供了一个降低这一复杂程度的视角。基于 *DAMA-DMBOK2*，本书总体概述了支持组织取得成功所需的数据管理方法，以及由此可获得的成果。理解数据管理的原则和最佳实践，将帮助你从数据中获取更多价值。

本书的前4章是对数据管理的总体概览。

第1章，数据管理的重要性：阐述什么是数据管理，以及把数据当作资产来管理可以如何帮助你的组织。

第2章，数据管理的挑战：概述为什么数据管理不同于其他资产和资源的管理。

第3章，DAMA的数据管理原则：阐述有效的，可以帮助我们应对数据带来的挑战的数据管理原则；介绍按照数据管理成熟度模型来不断改进数据管理实践的概念。

第4章，数据伦理：描述构成数据管理伦理的基本原则；阐述数据伦理处理方法如何帮助组织避免数据的非正常使用及由此带来的对客户、声誉或更广大群体的危害。

接下来的4章对数据管理生命周期的机制进行了说明。

第5章，数据治理：阐述数据治理在数据监管方面的作用；重点说明组织可以采取何种方式实施治理，以便做出更好的关于数据运营和战略的决策。

第6章，数据生命周期管理的规划和设计：描述架构和数据建模在数据管理中的作用，以及规划和设计在整个数据生命周期中的重要性。

第7章，数据赋能和数据维护：概述获取、集成和存储数据的活动，并使数据能够逐渐流通和被访问。这些活动包括将设计理念适用于创建可靠的、高性能的及安全的数据仓库、数据集市及其他数据存储环境。在这些环境中可以集成不同类型的数据，而这些数据可被用于更广泛的领域。

第8章，使用和增强数据：描述如何使用数据来创建新的数据，为组织带来价值。数据的增强增加了数据生命周期的价值和复杂性。它要求组织对数据的有机增长加以规划和培养。

接下来的 3 章包括帮助建立对数据的信任和确保组织从其数据中逐渐获得价值所需的基础活动。

第 9 章，数据保护、隐私、安全和风险管理：描述如何管理与数据相关的风险，尤其是有可能导致违规、潜在的数据破坏或恶意使用数据所带来的相关风险。

第 10 章，元数据管理：总体介绍如何管理元数据。元数据是我们使用和维护其他数据所需知识的关键数据。

第 11 章，数据质量管理：介绍确保数据能够满足组织预期目的并使组织实现其战略目标的管理方法。这些方法将产品管理的原则应用于数据，并与第 3 章所描述的数据管理原则相对应。

每一章的结尾是你需要知道的关于这些主题的知识。

第 12 章，现在应该怎么办：总结全书，通过现状评估、清晰的路线图及组织的变革管理来重新指导组织的数据管理实践。

DAMA 意识到，对于大多数高级管理人员来说，数据管理看上去晦涩、复杂且高度技术化。作为公司管理者，你或许没有时间了解所有细节，也没有时间透过天花乱坠的宣传了解其实质。但是如果组织依赖数据——大多数组织都依赖数据，那么你在组织通向成功的道路上可以发挥关键的作用。可靠的数据管理需要整个组织的努力，而这种努力应当从领导层开始。DAMA 希望本书能够让你穿越数据管理的迷宫，为你的组织开拓机遇，使其从数据中获取更大的价值。本书对数据管理基本原理进行了阐述，帮助你理解为什么它们是如此重要。这样你就可以通过高效的管理实践，集中精力来建立起对组织的数据的信任。

第1章　数据管理的重要性

在信息技术兴起之前，信息和知识就已经是竞争优势的关键。如果一个组织能够拥有高可靠和高质量的关于客户、产品、服务和运营等方面的数据，那么比那些没有这些数据（或具有不可靠数据）的组织能做出更好的决策。但是，能够拥有高质量的数据，并能以有效的方式来管理这些数据，并不是一个简单的过程。

本章讨论的以下概念，对于任何希望提高数据管理能力的组织都很重要：

- 数据无处不在，几乎每个组织的流程都会产生或者使用数据
- 作为资产，数据所具有的价值
- 为什么要把数据管理与技术管理分开
- 数据管理所涉及的活动和功能范围

数据无处不在

在组织中，数据是一直需要被管理的。随着技术的进步，数据管理显得越来越重要。数据在各个组织中普遍存在，几乎每个业务流程——从获取客户到交易采购，再到获取客户反馈和售后服务，都使用数据。这些流

程同时也产生数据。大多数数据是电子形式的，这意味着它们是可扩展的：数据可以被大量存储、操作、集成和聚合，而后用于不同领域，包括商务智能和预测分析。数据还为组织的合规（或不合规）提供证据。

数字化转型能使组织通过使用数据来创新产品、共享信息、积累知识，并提升自身的成功概率。随着技术的迅速发展，人类产生、获取和挖掘有意义的数据的能力持续增强，同时对数据进行有效管理的需求也在不断增加。

数据是企业的资产

资产是一种经济资源，可以被拥有、使用，并产生价值。资产通常被认为是财产，可以变现为价值。数据被广泛认为是企业的资产，然而大部分组织在将数据当作资产进行管理时，还是遇到了一些问题，比如，大多数组织还没有把数据资产放入资产负债表中。

如果问问那些企业高级管理人员，他们都会说数据是宝贵的资产。数据不仅可以帮助组织运营业务，还可以帮助他们洞察客户、产品和服务情况。但是研究表明，很少有组织真正将数据以资产的形式进行管理。对一些组织而言，数据甚至可能是一种负担。无法管理数据相当于无法管理资产。这会导致企业浪费资源，失去市场机会。管理不善的数据还存在道德风险和安全风险。

由于数据与其他资产不同，即使将数据视为资产的那些高级管理人员恐怕也有很多困惑。当然，数据管理的主要驱动力是能使组织从数据中获取价值，就像对财务和固定资产的有效管理能使组织从这些资产中获取价值一样。从数据中获取价值，不可能在真空中发生，这需要对数据进行常态化管理，需要组织高度重视数据，并投入人力和物力。

数据管理与技术管理

数据管理是数据开发、实施和监督的综合过程，其中包括数据的计划、策略、流程和实践等。其目的是在整个数据生命周期内交付、控制、保护、输出数据，并因此提升数据的价值。

你可能会问："这不是我们的信息技术部门已经做过的事吗？"不幸的是，信息技术部门（以下简称"IT 部门"）并没有做。IT 部门通常不关注数据，它们专注于技术、技术流程、构建应用程序及工具使用。从历史上看，IT 部门并未关注由其构建的应用程序产生的数据。一定程度上来说，IT 部门对数据本身并不敏感（因为 IT 部门会说，它们对数据没有控制权）——尽管许多数据管理功能都是 IT 部门工作内容的一部分。

虽然数据管理高度依赖于技术并与技术管理交叉，但它的许多内容与技术工具及技术流程并没有什么关系。

那么，数据管理到底要做什么，对数据进行有效管理又意味着什么？与所有管理活动一样，为实现组织的目标，数据管理涉及行动规划和资源投入等。数据管理活动本身包括技术方面，比如确保大型数据库可访问、系统的性能和安全等；也包括一些高度战略性的活动，比如如何通过数据的创新应用来扩大市场份额。这些管理活动不仅能帮助组织提供高质量、可靠的数据，还能确保授权用户可以访问这些数据并防止数据滥用。

数据管理工作内容

数据管理的内容可以分为三大类：有些注重数据治理活动（Governance Activities），确保组织对数据做出合理、一致的决策；有些注重数据的生命周期活动（Lifecycle Activities），管理从数据的获取到数据的消除整个过程；有些注重数据的基础活动（Foundational Activities），包括数据的管理、维护和使用，如图 1-1 所示。

图 1-1　数据管理的工作内容

（资料来源：*DAMA-DMBOK2*，第 44 页）

（1）**数据治理活动**。这些活动帮助控制数据的开发、降低数据使用带来的风险，同时使组织能够战略性地利用数据。通过这些活动建立数据决策权和责任系统，以便组织可以跨业务部门做出一致的决策。数据治理活动包括：

1）建立数据战略；

2）设置相关原则；

3）数据管理专责（Stewarding）；

4）定义数据在组织中的价值；

5）为组织能从数据中获取更多价值做准备，从而可借助数据管理实践的不断成熟和企业文化变革影响组织对数据的认知方式。

（2）**数据生命周期活动**。这些活动侧重于数据的规划和设计，确保数据得到有效维护并使用。数据的使用通常会带来提升和创新。这些提升和创新都有自己的生命周期要求。数据生命周期活动包括：

1）数据架构；

2）数据建模；

3）构建和管理数据仓库和数据集市；

4）集成数据，为商务智能分析师和数据科学家使用；

5）管理关键的共享数据的生命周期，如参考数据和主数据。

（3）**数据基础活动**。这些活动贯穿于数据管理的整个生命周期，是数据管理不可或缺的一部分。数据基础活动包括：

1）确保数据受到保护；

2）管理元数据（理解和使用数据所需的知识）；

3）管理数据质量。

数据基础活动必须作为规划和设计的一部分加以考虑，并且必须在操作上能够落地。这些活动需要得到数据治理部门的支持，同时也应该成为促进数据治理获得成功的一部分因素。

数据管理知识领域

数据管理工作由从事数据管理职能或知识领域的人员执行，这需要不同的技能和专业知识。DAMA 定义了 11 个知识领域，如图 1-2 所示。

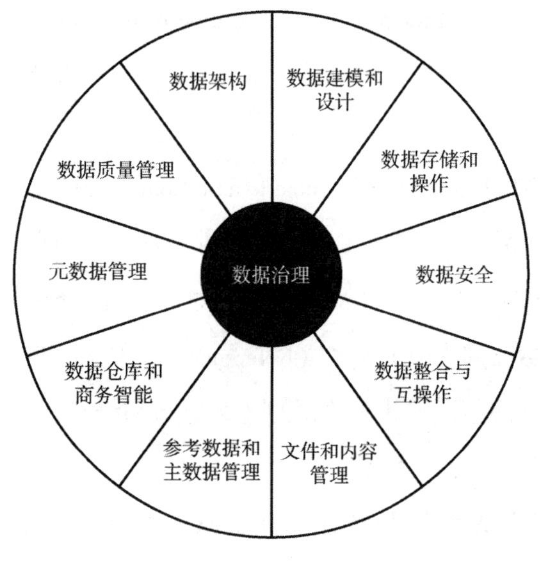

图 1-2　数据管理框架

（资料来源：*DAMA-DMBOK2*，第 36 页）

（1）**数据治理**（Data Governance）。通过建立数据决策的权限和责任，为数据管理活动和职能提供整体的指导和监督。这些权限和责任的建立应该考虑到组织的整体需求。

（2）**数据架构**（Data Architecture）。它是管理数据资产的“蓝图”，指基于组织的战略目标，建立符合战略需求的数据构架。

(3) **数据建模和设计**（Data Modeling and Design）。这些活动是探索、分析、表示和沟通数据需求的一个过程，最后表现为数据模型。

(4) **数据存储和操作**（Data Storage and Operations）。这些活动包括数据存储的设计、实施和支持，目的是达到利益最大化。这些活动服务于数据的整个生命周期——从数据规划到数据消除。

(5) **数据安全**（Data Security）。这一活动确保数据隐私和安全。数据的获得和使用必须要有安全的保障。

(6) **数据整合与互操作**（Data Integration & Interoperability）。这一领域包括存在于不同数据系统、应用程序和组织之内，以及组织之间的数据迁移和集成等。

(7) **文档和内容管理**（Document and Content Management）。通过规划、实施和监管活动，来管理那些存储于非结构化介质中的数据和它们的生命周期，尤其是那些与法律及合规性相关的文件的管理。

(8) **参考数据和主数据管理**（Reference and Master Data Management）。这一活动涉及对核心关键共享数据的持续更新和维护，以便得到最准确、及时并和基础业务相关的数据。

(9) **数据仓库和商务智能**（Data Warehousing and Business Intelligence）。通过计划、实施和对系统流程的控制活动，为管理决策提供数据量化支持，使相关工作人员能够通过数据分析和数据报告获取价值。

(10) **元数据管理**（Metadata Management）。通过规划、实施和控制活动，支持访问高质量的元数据集，包括定义、模型、数据流和其他对理解数据及其创建、维护和访问至关重要的信息。

(11) **数据质量管理**（Data Quality Management）。这一活动包括规划

和实施质量管理技术，以衡量、评估和改善组织使用的数据。

以上这些知识领域代表了数据管理的核心内容。任何期望从数据中获取价值的组织，都必须通过从事这些活动来进行数据管理。当然，数据管理活动的内容也在不断发展。我们创建和使用数据的能力的变化意味着其他内容也可以视为数据管理的“知识领域”（如数据伦理、数据科学、大数据管理和前沿技术）。

在这些知识领域工作的数据管理专业人员可以帮助组织：

（1）了解和支持企业及其利益相关者（包括客户、员工和业务合作伙伴）的信息需求。

（2）获取、存储和确保数据的完整性和质量，以支持企业能够使用这些数据。

（3）通过防止不当访问、操作或使用，来确保数据的安全性、隐私性和机密性。

你需要知道什么

（1）数据管理的目标是使组织能够从其数据中获得更多价值。

（2）在数据赋能的现实中，可靠的数据管理方法变得越来越重要。

（3）数据管理包括数据治理活动、数据生命周期活动和数据基础活动。

（4）数据管理涉及一系列技能，包括战略性的技能、高度技术性的技能等。

（5）随着业务需求和技术能力的发展，数据管理实践正在迅速发展。

第2章　数据管理的挑战

数据既是企业运营的必需品，也是一种资产。高效的数据管理能够使企业从数据中获取更多的价值。任何资产管理都需要从资产中获取价值，需要管理资产相关的生命周期，并从整个企业的角度来进行管理。但是，数据的不同特质使数据管理在这些方面具有了不同的意义。本章通过以下内容来阐述这些挑战：

- 把数据作为资产进行管理
  - 数据同其他资产不同
  - 数据意味着风险
  - 低质量的数据会耗费时间和资金
  - 数据的价值评估还未标准化
- 管理数据的生命周期
  - 数据管理包括对数据生命周期的管理
  - 不同类型的数据有不同的生命周期
  - 元数据必须作为数据生命周期的一部分进行管理
- 在企业整体层面进行数据管理
  - 数据管理往往与信息技术管理混淆
  - 数据管理是跨界的，而且需要一系列技能
  - 数据管理需要从企业的整体层面进行，并需要领导层的支持

数据与其他资产的差异

数据有不同于其他资产的一些特性。实物资产可以被指认、被触摸、被移动；财务资产可以通过资产负债表进行计量；但是数据资产不同，数据不可触摸，却是持久性的，它不会被消耗。数据容易被拷贝和迁移，但是数据如果丢失或者被破坏，并不容易再生。数据在使用时，不会被消耗，甚至可以在没有消失的情况下被盗。数据是动态的，可以用来实现多个目标。与多数的实物资产或者财务资产不一样，同样的数据可以在同一时刻被多人使用。数据的多种应用会产生更多的数据。

这些差异使追踪数据成为挑战，更不用说用货币价值来评估数据了。而没有这种货币价值的评估，又很难测算数据对于一个组织的成功到底做了多少贡献。此外，这些差异也导致了数据管理的其他问题，比如：

（1）盘点组织有多少数据。

（2）定义数据的所有权和责任。

（3）防止滥用数据。

（4）数据风险管理。

（5）定义和执行数据质量标准。

数据意味着风险

数据不仅蕴藏着价值和机会，也存在风险。错误、不完整、过时的数据很明显隐藏着风险，因为它们提供了不正确的信息。同时，数据还会造成其他风险，包括：

（1）**误用**。如果数据使用者对于所使用的数据没有获得足够的正确信息（元数据），就会造成数据滥用或者误用的风险。

（2）**不可靠**。如果数据的质量和可靠性未通过一定的标准审核和评估，基于这些不可靠的数据，就会造成决策失误的风险。

（3）**不当使用**。如果数据没有保护措施和安全措施，就会造成非授权人出于非法目的而使用数据的风险。

事实上，数据容易被拷贝和复制的特性，意味着其不需要被人从原来的合法所有者那里“拿走”就可以被非法获取。而且，数据意味着人、产品和金钱等。立法者和监管者已经认识到滥用数据的潜在危害，并开始通过立法来减少相关的明显风险。例如：

（1）美国的《萨班斯-奥克斯利法案》（*Sarbanes-Oxley*），对来自于资产负债表的财务交易数据，专注于控制其精准性和合法性。

（2）欧盟的《偿付能力监管标准Ⅱ》（*Solvency* Ⅱ）指引，专注于保险行业，分析数据的“血缘关系”和数据质量，通过完善风险模式和提升资本充足率等来降低风险。

纵观全世界，数据隐私法律都规定了如何处理个人数据（特别是姓名、地址、宗教派别、性别等）和相关的隐私保护（这类数据的许可和权限）。例如：

（1）美国的《健康保险电子交换和责任法案》（*Health Insurance Portability and Accountability Act*，HIPAA）。

（2）加拿大的《个人信息保护和电子文件法案》（*Personal Information Protection and Electronic Documents Act*，PIPEDA）。

（3）欧盟的《通用数据保护条例》（*The General Data Protection Regulation*，GDPR）。

消费者也越来越意识到他们产生的数据可以怎样被使用。比如，当在某个网站采购商品时，他们不仅期望获得顺畅而有效的购物流程，也希望个人信息得到保护、个人隐私得到尊重。各类组织如果不保护客户的数据，就会导致客户的流失。

低质量的数据带来损耗

数据管理的核心是确保数据的质量。如果数据未能满足使用者的需求——没有帮助使用者达到预期的目的，那么所有收集、存储、安全加固、使用数据的努力都是无用的。为了确保数据满足业务需求，数据管理团队必须与数据使用者一起去定义数据的特征，使之成为高质量的数据。

在数据的使用上，组织通常通过对数据的学习和研究来创造业务价值。比如，理解消费者的习惯是为了提升产品或者服务质量；评估某组织的行为或者市场趋势是为了开发新的市场策略。低质量的数据则会在这些决策中起到相反的作用。

重要的是，低质量的数据对于任何组织来说都意味着损耗。尽管各方估计结果不尽相同，但专家认为，组织需要花费 10% ~30% 的收入来处理数据质量问题。据 IBM 估算，2016 年，美国由于数据质量问题而导致的损耗达到 3.1 万亿美元。

在低质量数据相关的费用成本中，多数都是隐藏的和间接的，因此难以核算。其他的成本，如罚金，是直接的、可以计算的。低质量数据的这些隐性成本来源于：

（1）废弃和返工。

（2）临时措施和矫正流程。

（3）组织的低效活动或生产力低下。

（4）组织的冲突。

（5）工作满意度低。

（6）客户不满意。

（7）机会成本，包括创新乏力而丢失的机会。

（8）执行成本和罚金。

（9）声誉和公关成本。

高质量数据的相关收益包括：

（1）客户体验的提升。

（2）高效的生产力。

（3）减少了风险。

（4）抓住机会的能力得到提升。

（5）从洞察客户、产品、流程、机会中获取的竞争优势。

（6）从显著的数据安全和数据质量中获取的竞争优势。

根据这些成本和收益中所隐含的内容，可以看出，管理数据质量不是一次性的工作。想要获得高质量的数据，不仅需要规划、投入，还需要有一种把数据质量融入流程和系统的思维方式。所有数据管理的机制都会影响数据的质量——不管是好的还是坏的，所以工作中必须强调数据的质量。

数据的价值评估没有统一标准

由于每个组织的数据都是独特的，所以很难用货币价值来衡量数据的价值。比如，对于客户采购的历史数据，我们得花多少钱来收集和管理？如果这些数据丢失了，为了重构这些数据，我们又要花多少钱？

不过，使用货币价值去衡量数据是非常有用的，这会影响到我们对数据的决策，并成为我们进行数据管理的基础。数据估值的一种方法是，在组织整体层面，需要定义可以被一致执行的通用的成本和收益类科目。这些科目包括：

（1）获取和存储数据的成本。

（2）替代丢失数据的成本。

（3）数据丢失对一个组织的影响成本。

（4）数据相关的潜在风险成本。

（5）风险缓解成本。

（6）提升数据质量的成本。

（7）高质量数据收益。

（8）竞争对手对于数据愿意付的价格。

（9）数据在什么场景下可以出售。

（10）数据创新性应用的预期收入。

对数据进行价值评估，还需认识到数据的价值是场景性的。换言之，对一个组织来说有价值的数据，对另一个组织可能毫无意义。数据价值的评估也具有时间性。比如，昨天有价值的数据，到了今天可能就没有价值了。尽管如此，在组织中还是有一些数据是永久有价值的，比如客户数据。所以，组织需要首先专注于提升这些核心数据的质量。

数据管理意味着管理数据的生命周期

人们容易把数据管理等同于技术管理的一个原因是，他们通常在应用系统中才能看到这些数据。他们没有意识到，数据可以与创建或者存储数据的应用系统相分离，数据也有它自己的生命周期。数据的生命周期基于产品的生命周期。数据生命周期专注于数据的产生、迁移和维护的全过程，目的就是保证数据可被需要的人或流程所使用。尽管数据和技术是交织在一起的，但是不能把数据的生命周期混淆为系统开发生命周期（SDLC），因为系统开发生命周期专注于在预算范围内按时完成项目。

从概念上讲，数据生命周期很容易描述，它包括了产生或获取数据的流程，用以确保数据可维护和可共享的迁移、变换、存储流程，数据使用或者应用的流程，以及数据消除的流程，如图 2-1 所示。数据通常不是静态的。在整个生命周期中，数据可能需要被清洗、变换、合并、增强或者聚合。数据通常在一个组织内横向移动。在数据使用或者增强的过程中，新的数据会产生，所以数据生命周期会经历内部多次迭代的过程，在一个组织内的不同部门，“同一”数据会有不同的生命周期。

不同类型的数据会有不同的生命周期需求，这加大了数据生命周期中相关概念的复杂性。例如，事务型的数据可以通过基本业务规则得到实现，而主数据需要通过数据综合处理得到。尽管如此，有些生命周期规则

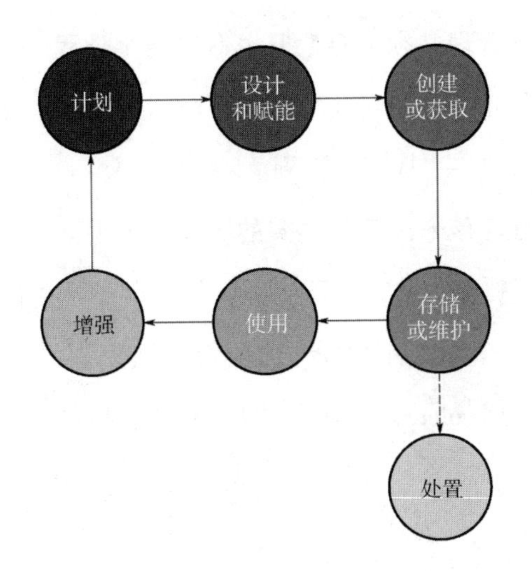

图 2-1　数据生命周期

（资料来源：*DAMA-DMBOK2*，第 29 页）

仍适用于任何数据，包括：

（1）**在数据生命周期中，数据的产生和使用是最主要的关键点**。数据管理必须做到确定数据是怎样产生的，或者数据是怎样获取的，以及数据将如何被使用。

（2）**数据质量管理必须贯穿数据生命周期全过程**。因为数据质量往往会受到数据生命周期内一些事件的影响，所以必须将其作为数据生命周期管理的一部分进行规划。数据质量不是“附加物”，也不能“事后补做”。

（3）**元数据管理必须贯穿数据生命周期全过程**。元数据是用来描述其他数据的一类数据。同样的，元数据对于所有数据管理功能来说都是关键的。元数据通常是通过数据生命周期内的其他数据创建的，被看作是数据生命周期的产品（而不是副产品）。元数据要像其他数据一样进行质量管理。

（4）**数据安全管理必须贯穿数据生命周期全过程**。数据管理包括确保数据是安全的，而且相关的风险得到有效控制。数据在贯穿整个生命周期过程中都要受到保护——从产生直到清除。

（5）**数据管理应该专注于最关键的数据**。组织产生了大量的数据，其中有许多并未真正被使用过。管理所有数据，既是不可能的，也是不必要的。生命周期管理需要聚焦到组织最关键的数据上，并且要做到最小化ROT（Redundant，Obsolete，Trivial，即数据是过剩的、废弃的、琐碎的）。

不同类型的数据会有不同的生命周期需求

不同类型的数据会有不同的生命周期管理需求，导致数据管理变得更为复杂。数据可以进行多种分类：既可以根据数据提供的功能进行分类（如事务数据、参考数据、主数据、元数据、可变数据、源数据、事件数据、事务明细数据），也可以根据数据的内容进行分类（如数据域、主题域），或者根据数据格式进行分类，以及根据数据保护的等级进行分类。

因为不同类型的数据会有不同的需求，关联到不同的风险，在同一个组织内会起到不同的作用，所以很多数据管理的工具都聚焦于数据的分类和管控。比如，主数据相对于事务型数据来说，会有不同的应用，因而就会有不同的管理需求。

元数据必须作为数据生命周期的一部分进行管理

数据管理的专业人员因为认识到了元数据的重要性，所以会对元数据充满热情。不过，在同管理层进行交流时，作为惯例，他们则尽量不使用“元数据”这个词；否则，“管理层的眼神会变得呆滞”！我们在此尝试谈一下元数据话题，因为某些元数据不仅对数据管理很关键，而且是必要的。没有元数据，就无法管理数据。

元数据包含了一系列的信息，涉及关于让人们了解这些数据的信息以及含有这些数据的系统。元数据描述了一个组织有什么数据，这些数据代表了什么，数据是如何分类的，数据从哪里来，数据在一个组织内是如何迁移的，数据通过被使用是如何进化的，谁能用、谁不能用，数据是否是高质量的等内容。

数据管理的挑战是，不仅需要元数据来管理数据，还需要把元数据本身作为数据的一种来进行管理。通常来说，当一个组织管理不好它的元数据时，也就意味着不能管理好它的数据。应对这一挑战的答案是，元数据管理通常是提升整体数据管理的起点。

数据管理通常与信息技术管理混淆

因为当今几乎所有的数据都是电子化存储，所以数据管理与技术管理一直紧密联系在一起。技术的决策一般都会影响到数据管理的多个方面，因而数据管理和技术管理需要互相参考。但是，数据管理与技术管理还是有区别的，数据管理专注于数据可用、可靠，技术管理则专注于建设和维护基础设施、系统和应用。

数据管理和技术管理能从根本上被连接起来，系统和应用能实现业务流程自动化，这个过程也会收集或者产生数据，同时，不同的技术选择又会给数据本身设置不同的约束条件。人和流程都有消费数据的需要，业务流程则会产生和使用数据，所以，无论是数据管理需求，还是技术管理需求，都要植根于业务流程中，植根于人和流程的需要中。

在很多组织中，对新技术的需求和对可靠数据的渴望好像是对立的，似乎这两者不是彼此需要的，而是相互排斥的。成功的数据管理需要有好的技术决策作为支撑，但是技术管理与数据管理是不一样的。组织应该认识到技术对于数据管理的影响，从而不至于因为对技术的迷信使得由技术来决定数据策略；相反，数据应该与业务一起来决定技术。

数据管理需要一系列的技能

数据管理包括了一系列互相关联、与数据生命周期相关的流程。尽管很多组织把数据管理当作信息技术的一个功能，但是它确实需要拥有不同技能的各个部门的许多人一起来完成。数据管理是一个复杂的流程，因为它需要贯穿整个组织。数据管理在其生命周期的不同阶段，需要在一个组织内，由不同的团队，在不同的地方来完成。数据管理需要：

（1）能对生产可靠数据进行规划的业务流程技能。

（2）规划在哪里存储或使用数据的系统设计技能。

（3）管理硬件和搭建数据运维软件的高科技技能。

（4）发现数据问题的解析技能。

（5）理解数据和解决新问题的分析技能。

（6）表达能力，能够让人们对定义和模型取得一致意见，从而可以理解相关数据。

（7）能够发现机会并通过使用数据来服务消费者、达成目标的战略思想。

现在的挑战是，人们怎样才能对以上各种技能和愿景进行组合，以便和组织内的其他人协同工作，最终达成共同目标。

数据管理需要企业的整体视角

数据管理的历程与一个组织创建、使用数据的历程一样。数据是一个组织中“横向管理”的一项内容。它横向跨越销售、市场和业务等垂直管理领域，或者说，它至少应该是这样的。在理想的情况下，数据应该通过企业的整体层面来进行管理。然而，做到这一步面临挑战。

由于每个业务单元一般会通过开发自己的应用来实施自己的工作，所以，绝大多数的组织都会通过业务单元或者功能来分解工作。数据通常被看作业务流程的副产品（例如，销售交易记录是销售流程的副产品，而不是一个最终产品），所以数据一般不会超出直接需求而进行规划。数据甚至不会被认为是其他人或者其他业务流程所能使用的资源。

除非企业已经设定并强制执行了数据标准，否则，不同区域定义和创建数据的方式都会不同。举个简单的例子，美国的社会保险号码（SSN）

是美国居民用以识别个人的一个属性。如果一个应用将SSN识别为数字值，而其他的应用将SSN识别为文本字段，那么SSN数据将会呈现不同的格式。这会导致SSN出现问题，如丢失前面的“0”（数字）。数据格式不同、粒度不同、属性不同，就会导致很难集成从不同的应用系统中产生的数据。这些集成障碍就会限制一个组织从数据中获取价值。

如果组织能够把数据当作自己建立或者购买来的产品对待，那么在数据管理的整个生命周期中，就能做出比较好的数据管理决策。这些决策需要认识到：

（1）数据和业务流程的关联关系。有时我们会看不到这些关系。

（2）业务流程和支撑业务流程的技术之间的关系。

（3）系统的设计和架构及由这些系统产生和存储的数据。

（4）数据被使用的方式，继而提升组织的战略决策能力。

为了得到更好的数据，需要对架构、模型和其他设计功能进行战略性的路径规划。这也依赖于业务和信息技术领导层的战略合作。当然，这也需要具备有效执行具体项目的能力。现在的挑战是来自组织的压力，还有时间和费用的压力。这些会妨碍数据管理的规划。组织在执行战略时，必须平衡长期目标和短期目标，以便获得更好的决策。

你需要知道什么

（1）数据是一种有价值的资产，但也隐含着风险。一个组织可以通过低质量数据的代价和高质量数据的收益来分析数据的价值。

（2）数据的特质决定了数据管理是一项挑战。

（3）应对挑战的最好方法是对数据进行全生命周期管理，同时数据管理应该在企业整体层面进行。

（4）如果组织不能很好地管理数据的生命周期，就会给自己带来高昂的成本，尽管许多成本是隐性的。

（5）数据的生命周期管理需要规划、技术和协同工作。

第3章　DAMA的数据管理原则

由于数据本身的特点，数据管理成为一项具有独特挑战性的工作。不过，即使数据管理有其独有的特点，它和其他类型的管理仍然有共同之处。我们首先需要知道组织拥有什么样的数据，可以用这些数据做什么，然后再决定如何最大化地利用好数据，从而来实现组织既定的目标。就像其他管理过程一样，数据管理必须平衡战略和运营的需要。它还必须考虑到第2章所谈到的数据独特性。

为了帮助组织实现这种平衡，DAMA已经开发出了一套旨在识别数据管理挑战和帮助大家实施数据管理的原则。总体而言，这些原则可以归纳为以下四个方面（具体内容如图3-1所示）：

- 数据是有价值的
- 数据管理需求是业务需求
- 数据管理需要各种不同的技能
- 数据管理是生命周期管理

DAMA的数据管理原则为大家提供了一个很好的视角。通过它，你可以理解自己所在的组织是如何管理数据的。在回顾了数据管理的含义之后，本章深入研究了数据管理成熟度的相关内容。数据管理成熟度评估（Data Management Maturity Assessment，DMMA）定义了通过不断增加控制，提高数据质量的一个过程。当一个组织了解了过程的特征之后，就可以通

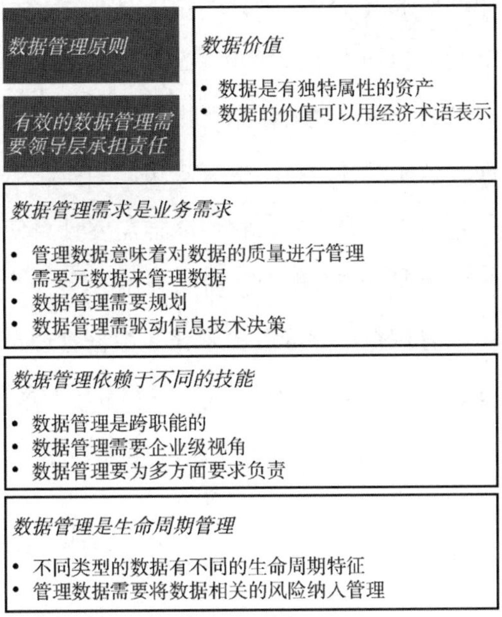

数据管理原则

有效的数据管理需要领导层承担责任

数据价值

- 数据是有独特属性的资产
- 数据的价值可以用经济术语表示

数据管理需求是业务需求

- 管理数据意味着对数据的质量进行管理
- 需要元数据来管理数据
- 数据管理需要规划
- 数据管理需驱动信息技术决策

数据管理依赖于不同的技能

- 数据管理是跨职能的
- 数据管理需要企业级视角
- 数据管理要为多方面要求负责

数据管理是生命周期管理

- 不同类型的数据有不同的生命周期特征
- 管理数据需要将数据相关的风险纳入管理

图 3-1　数据管理原则

（资料来源：改编自 *DAMA-DMBOK2*，第 22 页）

过制订计划来提高它的能力。在模型的层次指引下，它也能用来度量改进程度，以及比较竞争对手或者合作伙伴。数据管理成熟度模型描述了可用于此类评估的数据管理过程的细节。我们在第 12 章中讨论如何评估组织当前状态时，会谈到数据管理成熟度的概念。

数据是有价值的

（1）**数据是具有独特属性的资产**。数据是一种资产，但它与其他资产在许多重要方面存在差异，从而其管理的方式也不一样。其中最明显的特征就是数据在使用过程中不会像金融资产和物理资产一样被消耗掉。

（2）**数据的价值可以而且也应该用经济术语表述**。将数据视为资产就意味着它有价值。虽然有用于度量数据定性和定量价值的技术，但是还没有一个统一的标准。想要对数据做出更好决策的组织，需要开发出一套统一的方法，来量化它们的数据价值。它们同样需要计算使用低质量数据而导致的损失，以及使用高质量数据而获得的利益。

（3）**有效的数据管理需要领导者的承诺**。数据管理包括一系列复杂的过程。为了达到有效的数据管理目的，这些过程需要协调、合作及承诺。要做到这一点，不但要运用管理技巧，还需要来自相关领导者的愿景和目标。

数据管理需求是业务需求

（1）**数据管理意味着管理数据的质量**。确保数据满足组织的目标是数据管理的主要目的。为了管理好数据质量，组织必须确保自己很好地理解相关方对质量的要求，并且根据这些需求对数据进行评估。

（2）**数据管理需要元数据**。管理任何资产都需要资产的相关数据（如员工数量、会计代码等）。这些用于管理和使用数据的数据叫做元数据。由于数据不能被捧在手里，也不能被触摸，为了理解数据是什么及如何使用这些数据，我们就需要元数据。元数据可以帮助我们对这些数据进行定义，从而使我们理解数据。元数据来源于与数据产生、处理、使用相关的各个过程，包括架构、建模、管理、治理、系统开发、信息技术（IT）及业务操作和分析等。

（3）**数据管理需要规划**。即使是小型组织也可能拥有复杂的技术和业务处理流程。数据在许多地方被创建，并在各个地方之间迁移，以供使用。为了协调工作并保持最终结果的一致性，组织需要从体系结构和流程的角度对数据管理进行规划。

（4）**数据管理需求必须推动信息技术决策**。数据和数据管理与信息和信息技术管理紧密交织在一起。数据管理需要一种方法，这种方法应该确保技术服务于而不是驱动某个组织的战略数据需求。

数据管理需要多种技能

（1）**数据管理是跨职能的**。单个团队无法管理组织的所有数据。做好数据管理需要一系列的技能和专长。数据管理既需要技术和非技术的技能，也需要相互协作的能力。

（2）**数据管理需要企业视角**。数据管理可以在局部应用，但为了尽可能发挥数据的作用，数据管理必须在整个企业层面进行。这就是数据管理（Data Management）和数据治理（Data Governance）总是相互交织在一起的原因之一。

（3）**数据管理必须考虑到各个方面**。数据是流动和变化的。因此，数据管理也必须不断地发展和进化，以跟上数据的产生和使用方式的变化，以及数据用户的变化。

数据管理是生命周期管理

（1）**数据管理是生命周期管理**。数据具有生命周期，管理数据需要管理其生命周期。由于数据会产生更多的数据，因此，数据生命周期本身可能非常复杂。数据管理实践需要考虑到不断变化的数据生命周期。

（2）**不同类型的数据具有不同的生命周期特征**。这使得不同类型的数据具有不同的管理要求。数据管理实践必须要识别这些差异，并且足够灵活，以满足不同类型的数据生命周期要求。

（3）**管理数据包括管理与数据相关的风险**。除了作为资产，数据也会成为一种风险。数据可能丢失、被盗或被误用。因此，组织必须考虑其使用数据的伦理意蕴。数据相关的风险必须作为数据生命周期的一部分得到妥善管理。

数据管理原则与数据管理成熟度

现在，你已经了解了数据管理的重要性、数据管理的挑战及数据管理的原则。你的组织无疑会应用到其中的一些原则，后面我们对这些原则会有更多的讨论。但是，除非我们能够通过自我评估来提高自身对数据的认识，否则就不太可能改进数据管理的实践。

能力成熟度评估是一种可以达到此目的的非常有效的手段。能力成熟度评估是一种基于框架（能力成熟度模型）的过程改进方法，它描述了一个过程的特征是如何从现状演化到最优的。

每达到一个新的层级，过程执行就会变得更加一致、可预测和可靠。过程随着每个层级的特征变化而改进，将按照设定的顺序进行，不能跳过其中任何一个级别。级别通常包括：

第 0 级，缺乏能力。

第 1 级，初始级或临时级：成功取决于个人的能力。

第 2 级，可重复级：最小化的流程规则已经到位。

第 3 级，已定义级：相关标准已经设立并使用。

第 4 级，受管理级：流程已量化并可控。

第 5 级，优化级：过程改进的目标被量化。

每个级别的标准都在过程特征中进行了描述。例如，数据管理成熟度模型可能包括如何执行过程有关的标准，以及这些过程的自动化程度。它可能侧重于策略和控制，以及过程的详细信息。这种评估有助于确定哪些工作正常、哪些工作不正常，以及组织在哪些方面还存在差距。

数据管理原则使用的成熟度按照图 3-2 所示逐步升级。图中描述了一个组织如何从有限的数据管理提升到数据管理最终成为组织改进的驱动力的过程。

数据管理成熟度评估（DMMA）可用于总体评估数据管理，也可以被用来专注于某个单一的功能或知识领域，甚至是单个过程或某一个想法（例如，组织遵循数据管理原则的程度）。

无论重点是什么，DMMA 都可以帮助消除关于数据管理实践的健康性和有效性在业务和 IT 愿景之间的差距。DMMA 提供了一种通用语言，用于描述跨数据管理功能的进展情况，并提供一个基于阶段、可根据组织的战略优先级进行调整的改进路径。因此，它既可用于设定和度量组织目标，

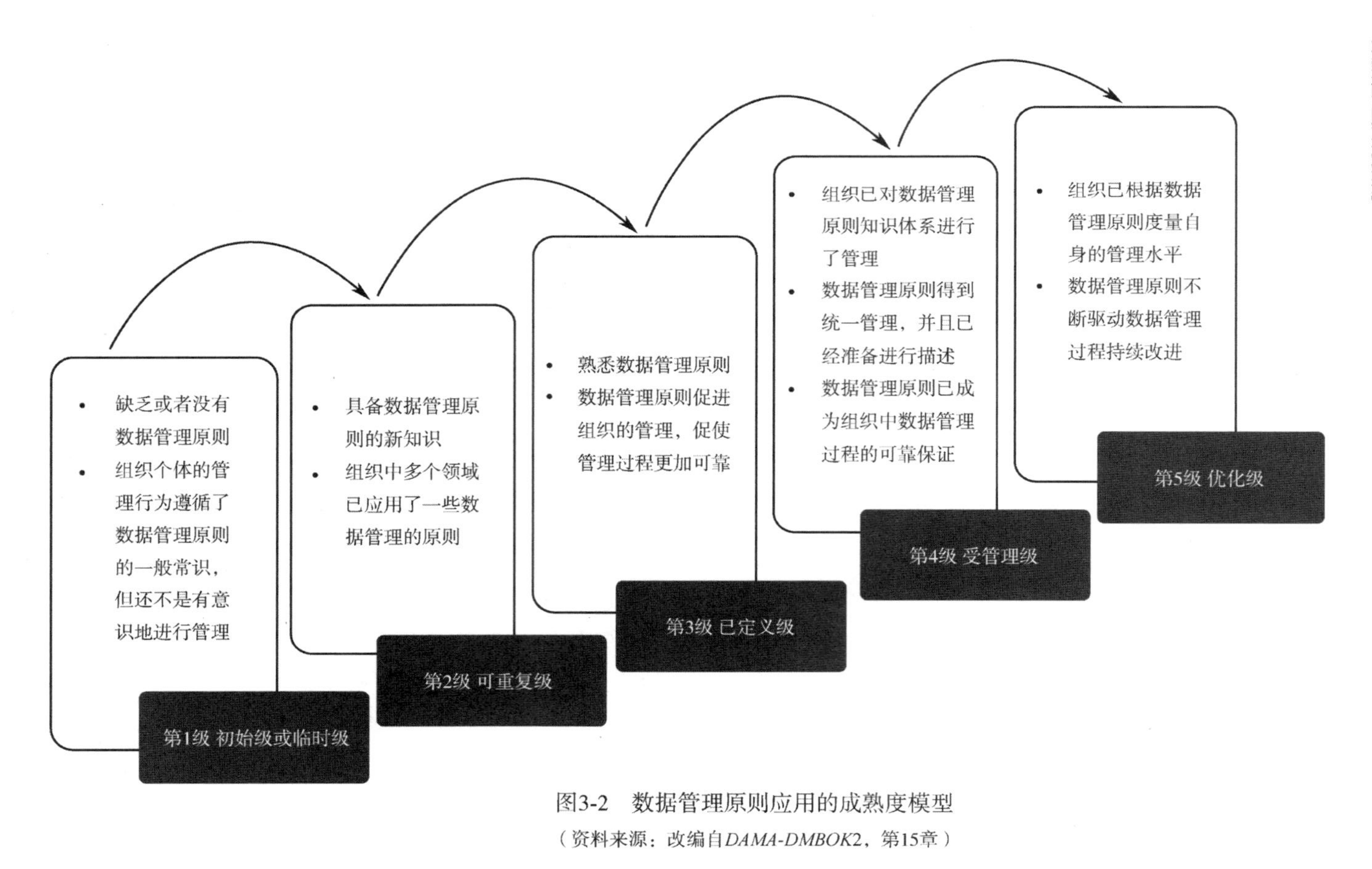

图3-2 数据管理原则应用的成熟度模型
（资料来源：改编自*DAMA-DMBOK2*，第15章）

也可用于将一个组织与其他组织或行业基准进行比较。

你需要知道什么

（1）DAMA 的数据管理原则是针对数据管理所带来的挑战而专门开发的。

（2）这些原则能够使组织采取更具战略性的方法来管理数据。

（3）这些原则可被用于制定政策、定义程序及实现战略决策。

（4）参与数据管理任何方面的人员都应熟悉这些原则，并能够将其应用到他们负责的工作当中。

（5）DAMA 的数据管理原则也可以与数据管理成熟度评估一起使用，以便了解组织当前的状态，并制定改进的路线图。

第4章　数据伦理

简单地说，伦理是基于正确和错误观念的行为原则。伦理原则通常聚焦于公平、尊重、责任、正直、正义、素质、可靠、透明度和信任等理念。数据处理（Data Handling）伦理关注的是如何以符合伦理原则的方式获取、存储、管理、使用和处置数据。换句话说，它关注的是如何运用数据做正确的事情，并防止利用数据做错误的事情，即使没有人会注意。

处理数据（Handling data）——不仅管理数据，而且使用数据，并与其他实体共享数据，以合乎伦理道德的方式进行，对于想要从数据中获取价值的任何组织的长期成功都是必需的。不道德的数据处理可能会导致声誉丧失和客户流失，因为它会导致数据被泄露的组织或个人面临风险。在某些情况下，违背道德的做法也是非法的。鉴于隐私权与其他人权之间的联系，数据伦理也是社会责任的问题。

本章讨论合乎伦理道德的数据处理的重要性，涵盖如下内容：

- 为什么以合乎伦理道德的方式管理数据非常重要
- 合乎伦理道德的数据处理的基本原则
- 采用合乎伦理道德的方法进行数据管理的好处
- 如何建立数据管理的伦理道德方法

伦理与数据管理

数据处理的伦理道德规范集中在3个核心概念上：

（1）**对人的影响**。数据通常代表个人（客户、员工、患者、供应商等）的特征，并可用于做出影响人们生活的决策。伦理道德规范要求数据只能以维护人类尊严的方式被使用。

（2）**滥用的可能性**。滥用数据可能会对个人和组织产生负面影响。这带来了防止滥用数据的伦理要求，特别是针对那些会损害更大利益的滥用行为。

（3）**数据的经济价值**。数据具有经济价值。数据所有权的伦理道德规范应明确如何获取及由谁获取相关价值。

组织主要依据法律和监管的要求来保护数据。然而，由于数据对个人有影响，数据管理专业人士应该认识到，以伦理道德（及法律）的理由来保护数据并确保数据不被滥用。即使不直接代表个人的数据，如关于资源的可获得性及其地理分布的数据，仍然可用于做出影响人们生活的决策。

伦理道德要求不仅要保护数据，还要管理数据质量。决策者及受决策影响的人都期望数据是完整和准确的，这样他们就有了可靠的决策依据。从业务和技术角度来看，数据管理专业人士都有责任从伦理道德的角度来管理数据，以降低其可能被曲解、滥用或误解的风险。这种责任贯穿于数据的整个生命周期——从数据的产生一直到销毁。

遗憾的是，许多组织未能认识到并响应数据管理中固有的伦理道德义务。它们可能采用传统的技术观点，也无意于真正去了解数据。或者它们认为，只要遵守了相关的法律条文，也就没有与数据处理相关的风险了。这是一个危险的假设。数据环境正在迅速发展，组织正在以几年前它们想象不到的方式使用数据。分析学（Analytics）可以从数据中学到很多人仍然认为不可能的东西。

虽然法律规范了一些伦理道德原则，但立法还未能跟上因数据环境的演变而产生的风险。组织必须认识并回应其道德义务，通过培养和维持一种重视信息伦理道德的文化，来保护被委托的数据。

隐私条款下的伦理道德原则

公共政策和法律试图根据伦理原则来“编纂”对与错，但它们不能把所有情况都编入法典。例如，欧盟、加拿大和美国的隐私法在对待数据伦理上采取了不同的方法。这些原则也可以为组织制定策略提供框架。欧盟《通用数据保护条例》（GDPR）的基本原则包括：

（1）**公平、合法、透明**。对涉及数据主体的个人数据应以合法、公平和透明的方式处理。

（2）**目的限制**。个人数据必须是为特定的、明确的和合法的目的而收集，而不是以与这些目的相违背的方式进行。

（3）**数据最小化**。个人数据必须足够、相关，并且限于与处理目的相关的必要数据。

（4）**准确性**。个人数据必须准确，并在必要时保持最新；必须采取一切合理措施，确保不准确的个人数据能及时地被删除或更正。

（5）**存储限制**。数据必须以允许识别数据主体（个人）的形式保存，存储时间不得超过处理个人数据的目的所必需的时间。

（6）**完整性和保密性**。必须使用适当的技术或组织措施，确保个人数据以适当安全的方式被处理，包括防止未经授权或非法的处理，以及意外丢失、破坏或损坏。

（7）**问责制**。数据控制者（Data Controllers）应负责并能够证明遵守这些原则。

GDPR原则综合考虑和支持个人对其数据的某些限定的权利，包括对个人数据的访问权限、纠正不准确数据、可移植性，以及对可能造成个人损害、误导和困扰的某些个人数据，要求不收集和不处理的权利。在基于同意的基础上处理个人数据时，该同意必须是平权行动（Affirmative Action），是自愿给予的、具体的、知情的和明确的。GDPR需要有效的治理和文档来确保和展示合规性，并通过设计来保护隐私。

加拿大隐私法将全面的隐私保护制度与行业自律相结合。《个人信息保护和电子文件法案》（PIPEDA）适用于在商业活动过程中收集、使用和传播个人信息的每个组织。它规定了组织在使用消费者个人信息时必须遵守的规则和例外。基于PIPEDA的法定义务包括：

（1）**问责制**。组织对其控制下的个人信息负责，并且必须指定人员对组织遵守该原则负责。

（2）**识别目的**。组织必须在收集信息时或之前确定收集个人信息的目的。

（3）**同意**。组织必须先得到个人的知情和同意，才能收集、使用或披露个人信息。

（4）**收集、使用、披露和保留限制**。个人信息的收集必须限制在组织确定的目的所必需的信息。信息应以公平、合法的方式收集。除非经个人同意或法律要求，否则不得将个人信息用于收集或披露之外的其他目的。只有在实现这些目的所需的时间内，才能保留个人信息。

（5）**准确性**。个人信息必须尽可能准确、完整，并且是符合使用目的所必需的最新信息。

（6）**安全措施**。个人信息必须受到与信息敏感性相适应的安全措施的保护。

（7）**开放性**。组织必须随时向个人提供有关其个人信息管理的策略和实践的具体信息。

（8）**个人访问**。根据请求，个人应被告知其个人信息的存在、使用和披露情况，并应被允许访问该信息。个人应能够质疑信息的准确性和完整性，并在适当时对其进行修改。

（9）**合规性质疑**。个人应能够向指定的个人或对组织合规负责的个人提出有关遵守上述原则的质疑。

2012 年 3 月，美国联邦贸易委员会（FTC）发布了一份报告，建议组织根据报告中描述的最佳实践（即设计隐私）设计和实施自己的隐私程序。该报告重申了 FTC 对公平信息处理原则的关注，其中包括：

（1）**通知/知晓**。数据收集者在收集消费者的个人信息之前必须披露其信息实践。

（2）**选择/同意**。对于从消费者那里收集到的个人信息，消费者必须有权选择是否及如何被使用于其他目的。

（3）**访问/参与**。消费者应该能够查看和质疑收集到的关于他们的数据的准确性和完整性。

（4）**完整性/安全性**。数据收集者必须采取合理措施，确保从消费者处收集的信息准确无误，并且未经授权不会被使用。

（5）**执法/补救**。使用可靠的机制对不遵守这些公平信息惯例的做法实施制裁。

根据欧盟立法制定的标准，全球范围内都有加强对个人信息隐私的立法保护的趋势。世界各地的法律对跨越国界的数据流动施加了不同的限制。即使在跨国组织内，在全球共享信息也将受到法律限制。因此，组织必须制定策略和指导方针，使员工能够遵守法律要求，并在组织的可接受风险范围内使用数据。

伦理道德与竞争优势

组织越来越认识到，数据使用的伦理道德方法是其具有竞争力的一种业务优势。合乎伦理道德的数据处理可以提高组织及组织的数据的可信度，同时也可以提高由此产生的结果的可信度。这可以使组织与其利益相关者之间建立更好的关系。创建伦理道德文化需要引入适当的治理，包括控制机制，以确保数据处理的预期和结果都合乎伦理道德，不会违反信用或侵犯人的尊严。

数据处理不是在真空中进行的。合乎伦理道德地处理数据有很强的商业理由：

（1）**利益相关者的期望**。客户和其他利益相关者期望来自企业及其数据处理的合乎伦理道德的行为和结果。

（2）**管控风险**。降低组织所负责的数据被员工、客户或合作伙伴滥用的风险，是培养数据处理的伦理道德原则的主要原因。

（3）**防止滥用**。从犯罪分子那里获取数据也有伦理道德的责任（即防止黑客攻击和避免潜在的数据泄露）。

（4）**尊重所有权**。不同的数据所有权模式会影响数据处理的伦理。例如，技术提高了组织彼此共享数据的能力。这种能力意味着组织需要就共享不属于它们的数据的责任做出合乎伦理道德的决策。

新兴的首席数据官、首席风险官、首席隐私官和首席分析官角色专注于通过建立可接受的数据处理实践来控制风险。但责任不仅仅局限于这些角色人群。数据处理符合伦理道德，需要在整个组织范围内识别与滥用数据相关的风险，以及组织承诺基于保护个人与尊重和数据所有权强制相关的原则来处理数据。

数据治理有助于确保关键流程遵循伦理道德原则，如决定谁可以使用数据，以及如何使用数据。数据治理从业者必须考虑利益相关者使用数据的某些伦理道德风险。他们应该像管理数据质量一样管理这些风险。

建立合乎伦理道德的数据处理文化

建立合乎伦理道德的数据处理文化需要理解现有实践，定义预期行为，将它们编入策略和道德规范，并提供培训和进行监督，以强化实现预期行为。与管理数据和改变文化相关的其他举措一样，这一过程需要强有力的领导层的推动。

合乎伦理道德的数据处理显然包括遵守法律。它也会影响组织内部和外部对数据的分析、解释和利用的方式。重视伦理道德行为的组织文化不仅要有行为准则，还要确保有清晰的沟通和治理机制，以支持那些意识到不道德行为或风险的员工。员工需要在不担心遭到报复的情况下报告此类情况。改善组织关于数据的伦理道德行为，通常需要正式的组织变革管理（Organization Change Management，OCM）过程（参见第12章）。

建立合乎伦理道德的数据处理文化的步骤包括：

（1）**回顾数据处理实践的当前状态**。了解当前的数据处理实践在多大程度上直接和明确地与道德和合规驱动因素相关；确保员工理解现有实践在建立与维护客户、合作伙伴和其他利益相关方信任方面的伦理道德影响。

（2）**确定风险、原则和实践因素**。了解数据可能被滥用并对客户、员工、供应商、其他利益相关者或整个组织造成伤害的风险。除了与行业相关的风险，大多数组织还有特定的风险。这些风险可能与其技术足迹、员工流动率、收集客户数据的方式或其他因素有关。原则应与风险（如果不遵守原则可能发生的坏事）和实践（采取正确的方式来避免风险）保持一致。实践应通过控制来获得支持。

（3）**采用社会责任伦理风险模型**。商务智能、数据分析和数据科学需要一种超越某个组织自身界限的社会伦理规范，也需要一种扩大到更大社区的道德视角。伦理道德观点是必要的，不仅因为数据很容易被滥用，也因为组织承担着保证其数据不会造成伤害的社会责任。伦理风险模型可用于确定是否执行项目，它还将影响如何执行项目。由于数据分析项目很复杂，人们可能看不到伦理道德的挑战。组织需要积极地识别潜在的风险。伦理风险模型可以帮助它们做到如图4-1所示的几个方面。

（4）**制定合乎伦理道德的数据处理策略和路线图**。在回顾了数据处理当前状态并确定一系列原则之后，组织可以正式制定策略，以改进其数据处理实践。该策略必须表达与数据相关的伦理道德原则和预期行为，并以价值陈述和道德行为准则来实现。

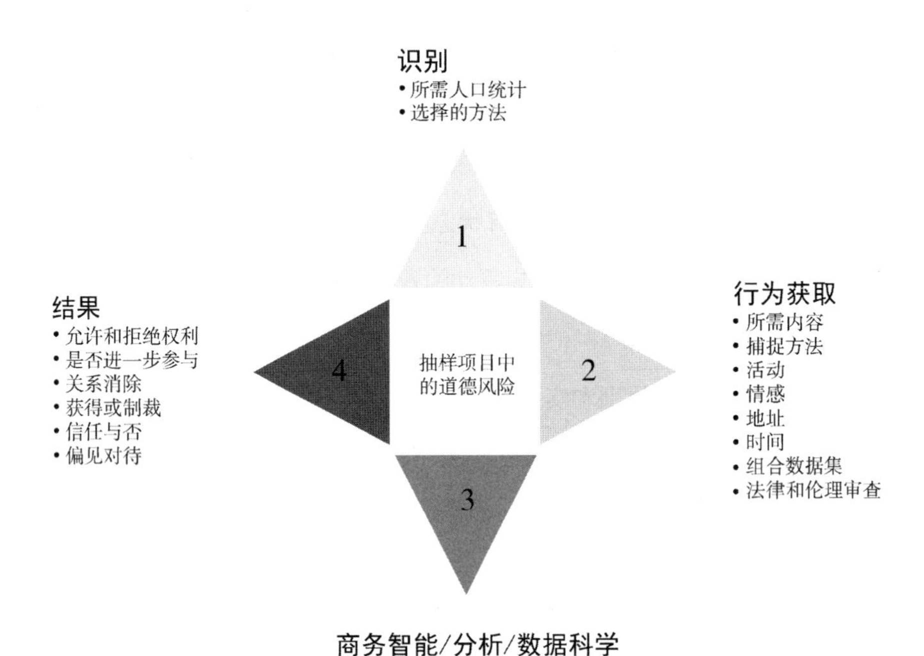

图 4-1 伦理风险模型

（资料来源：*DAMA-DMBOK2*，第 64 页）

你需要知道什么

（1）组织需要以合乎伦理道德的方式处理数据，否则就有风险，就有可能失去客户、员工、合作伙伴和其他利益相关方的信任。

（2）数据伦理植根于社会的基本原则和伦理道德的基本述求。

（3）与数据相关的监管基于这些相同的原则和要求，但监管不能涵盖所有意外情况。因此，组织必须考虑到自己行为的伦理道德规范。

（4）组织应该为自身处理数据培养道德责任文化，这不仅是为了符合合规要求，也是本来就应该做的正确的事。

（5）合乎伦理道德的数据处理最终将为组织提供竞争优势，因为它是信任的基础。

第5章　数据治理

由于历史原因，数据管理（Data Management）这个术语最初被用来描述数据库管理员和技术人员所做的工作。这些工作能确保大型数据库中的数据是可用和可访问的。数据治理（Data Governance）与这些活动密切相关。在某种程度上，引入数据治理这个术语是为了明确数据管理不仅仅是管理数据库。更重要的是，数据治理描述了组织对数据进行决策的过程，这些决策需要整个企业的人员来执行。

在大多数企业中，数据是水平移动的，跨越业务垂直领域。如果一个组织想要跨部门有效地利用它的数据，就需要建立通用的框架和策略，以便对垂直领域的数据做出一致的决策。数据治理应扮演类似于一个组织内财务治理的角色。

数据治理被定义为对数据资产的管理行使权力和控制（如策划、监督和强制执行）。治理活动有助于控制数据的开发和使用，也降低了与数据相关的风险，并使一个组织可以战略性地利用数据。

所有组织都对数据进行决策，不管其是否具有正式的数据治理的职能。当然，那些建立了正式的数据治理程序的组织可以以更强的意愿和更高的一致性来行使这些权力和控制，从而可以更好地提高从数据资产中获得的价值。

本章内容包括：

- 定义数据治理并讨论其重要性
- 评审组织数据治理职能的不同模型
- 讨论数据治理活动，包括数据管理工作及其如何对组织做出贡献

数据治理具有监督职能

数据治理的职能指导其他所有的数据管理职能。数据治理的目的是确保根据策略和最佳实践来正确地管理数据。一个常见的类比是，将数据治理等同于审计和会计。审计员和财务总监制定用来管理财务资产的规则；数据治理专家制定用来管理数据资产的规则，以便其他人员执行这些规则。无论哪种情况，数据治理都不是一次性的工作，监督职能必须在其建立后持续下去，如图5-1所示。数据治理的原则需要被嵌入数据管理生命周期和基础活动。作为一个正在进行的项目，数据治理需要持续地付出努力，以确保组织从其数据中获得价值，并降低与数据相关的风险。

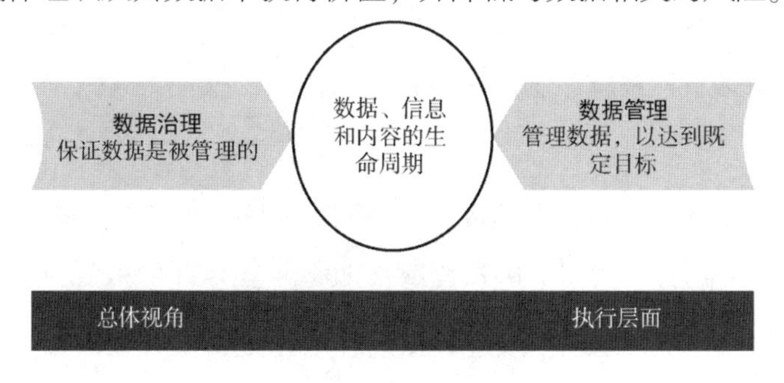

图5-1 数据治理/数据管理

（资料来源：*DAMA-DMBOK2*，第72页）

然而，数据管理的整体驱动力是确保组织能从数据中获得价值，数据治理关注如何对数据做出决策，以及人员和流程如何与数据相关联。一个特定的数据治理项目的范围和关注点将取决于组织的需求。为了实现这些目标，大多数数据治理项目包括：

（1）**监督**。确保所有数据治理职能都是为了企业的利益，并遵循有关的指导原则。

（2）**战略**。定义、沟通和驱动数据策略和数据治理策略的执行。

（3）**策略**。制定和执行与数据和元数据管理、访问、使用、安全和质量相关的策略。

（4）**标准和质量**。制定和执行数据质量和数据体系架构的标准。

（5）**管理工作**。在质量、方针和数据管理的关键领域提供实际的观察、审计和纠正。

（6）**合规性**。确保组织可以符合数据相关的法规要求。

（7）**问题管理**。识别、定义、升级和解决与数据安全、数据访问、数据质量、合规性、数据所有权、策略、标准、术语或数据治理程序相关的问题。

（8）**数据管理项目**。支持改进数据管理实践的努力。

（9）**数据资产评估**。制定标准和流程，以一致地定义数据资产的业务价值。

为了实现这些目标，数据治理将阐明数据治理原则、制定策略和程序，在组织内的多个层面上培养数据管理实践，并且参与组织的变更管理工作，积极与组织沟通关于改进数据治理的好处，以及在数据生命周期中成功地将数据作为资产进行管理所必需的行为，如图 5-2 所示。

许多数据治理项目会基于一个能力成熟度模型来规划路线图，这样的

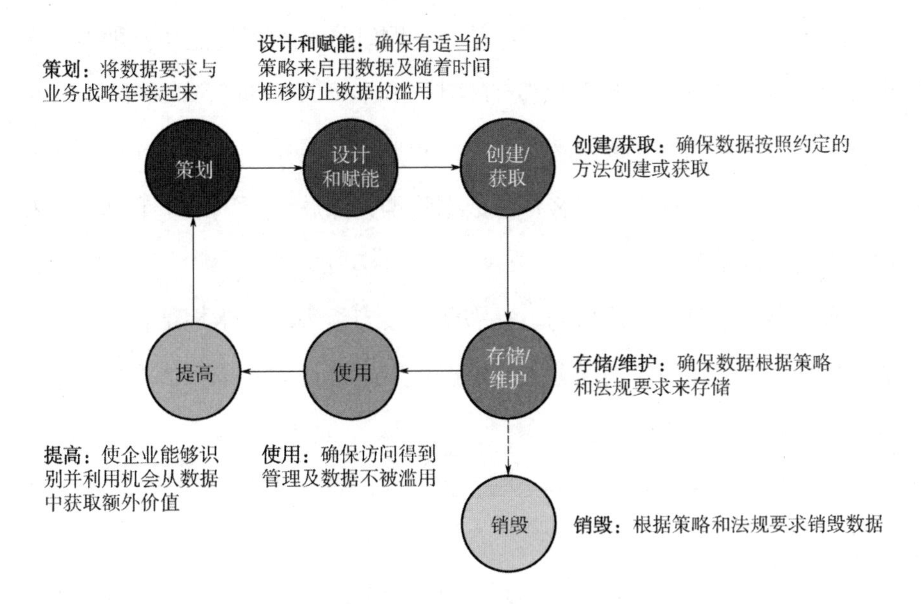

图 5-2　数据治理和数据生命周期

（资料来源：改编自 *DAMA-DMBOK2*，第 29 页）

模型应该帮助它们发展和改进具体的数据治理工作（参见第 3 章）。对大多数组织来说，推进正式的数据治理工作需要有组织的变更，同样需要来自高层管理人员的倡议，如首席风险官、首席财务官或首席数据官。

数据治理的业务驱动

数据治理最常见的驱动是合规要求，尤其对强监管的行业，如金融服务和医疗保健。为了响应不断发展的法规，组织需要严格的数据治理过程。高级分析和数据科学的爆炸式发展为实现治理结构优化提供了额外的理由。

合规性或者分析可以驱动数据治理，同时许多组织通过由其他业务需求带动的信息管理工程也可以驱动数据治理，如主数据管理（MDM），或碰到了重大数据问题，或两者都有。一个典型的场景：一家公司需要更好的客户数据，于是选择开发客户主数据管理，然后它意识到了成功的主数据管理需要数据治理。

数据治理本身并不是目的。它需要直接与组织的战略相结合。它越能清晰地帮助解决组织的问题，人们越有可能改变行为并采取治理实践。数据治理的驱动通常集中在：

（1）**降低风险**。如那些与合规、组织的声誉，或数据安全和隐私相关的风险。

（2）**改进过程**。如遵从法规、管理供应商、服务客户和有效运作的能力。

数据治理项目特点

从根本上说，数据治理的目标就像数据管理的目标一样，是为了使一个组织能把数据作为资产进行管理。数据治理提供将数据作为资产进行管理的原则、策略、流程、框架、度量和监督，并在所有层级上指导数据管理活动。为了实现这个总体目标，一个数据治理项目必须具备以下特点：

（1）**可持续**。数据治理是一个需要组织持续投入的过程。数据治理需要我们对数据的管理和使用方式进行变革。这意味着数据管理在有关管理工作开始后，还需要对变革进行持续的管理。

(2) **嵌入式**。数据治理不是一个附加过程。数据治理活动需要并入软件开发方法、数据分析、主数据管理和风险管理。

(3) **可测算**。良好的数据治理对财务有积极影响，但是要证明这个积极影响的存在，需要了解数据治理的出发点，也需要有一个评估财务提升程度的可测算的方法。

实施一个数据治理项目需要有做出改变的决心。以下是21世纪初就确立的原则，可以为数据治理奠定坚实的基础。

(1) **领导力和战略**。成功的数据治理始于具有远见卓识且意志坚定的领导者来支持企业业务战略。

(2) **业务驱动**。数据治理是一个业务过程，它指导与数据相关的信息技术（IT）决策，就像IT部门指导业务部门如何和数据打交道一样。

(3) **共同责任**。数据治理是业务数据管理员和技术数据管理专业人员之间的共同责任。

(4) **多层次**。数据治理发生在整个企业层面和部门层面，也经常发生在两者之间的各个层面。

(5) **基于框架**。由于数据治理活动需要跨业务部门进行协调，因此数据治理程序必须建立一个定义责任和交互的操作框架。

(6) **基于原则**。数据治理的指导原则是数据治理活动的基础，尤其对于数据治理策略而言。

治理的核心词是治。可以从政治治理的角度来理解数据治理，它包括：

(1) **类似立法的职能**。定义数据策略、标准和企业的数据架构。

(2) **类似司法的职能**。问题的管理和升级。

(3) **行政职能**。保护和服务及行政职责。

为了更好地管理风险，大多数组织采用具有代表性的数据治理形式，以便听取相关方的意见。

数据治理模型

每个组织都应采用一种支持其业务战略的治理模型，并在其自身的文化背景下取得成功。模型因各个组织的结构、重视程度和决策方法的不同而不同。一些模型是集中化管理，其他的可能是分布式管理。所有的模型都需要一定的灵活性。组织还应该准备好发展它们的模型，以迎接新的挑战，并随着组织文化的发展而对其进行调整。

数据治理也具有多个层面，需要在不同的层面去处理一个企业内不同层级的关注点 ——本地的、部门的和整个企业的。治理工作通常需要多个委员会来承担，每个委员会有不同的目的和监督水平。此项工作需要协调，从而使得组织从各个部门之间的协作中获益。

图 5-3 代表了一个通用的数据治理模型。这个模型包括了组织内不同级别（如纵列所示本地的、部门级的和企业级的）的活动，同样包括在组织功能内及业务（左边首席数据官项下）和技术/信息技术（右边首席信息官项下）之间的分离治理职责。

许多数据治理工作是由与数据治理办公室（Data Governance Office）关联的数据管理者在底层执行的。管理者可能是全职或兼职的。他们将根据组织的需求负责不同类型的数据。通过数据治理委员会（Data Governance Council）的组织，他们通常会领导某个主题域或职能工作组。在企业级别的业务方面，许多组织在顶层设置一个数据治理指导委员会（Data Governance

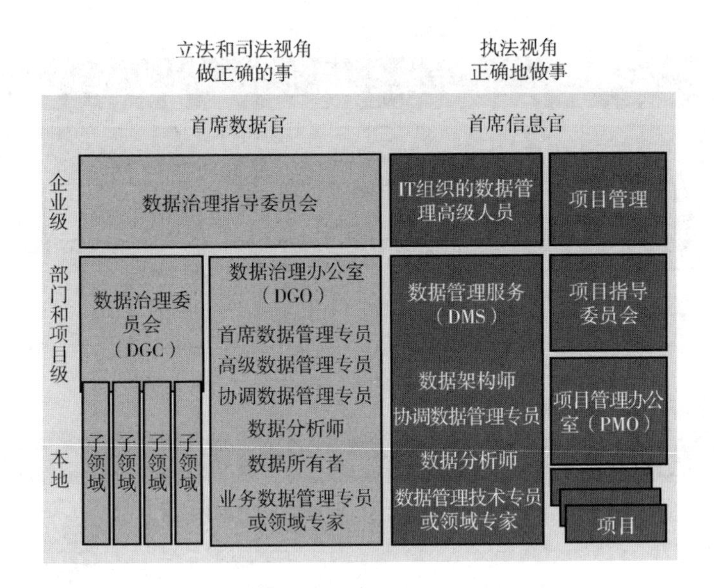

图 5-3 组织中不同级别的数据治理组织构架

（资料来源：*DAMA-DMBOK2*，第74页）

Steering Committee）。该委员会帮助在整个企业中执行指令，并充当升级点。

在IT方面，数据治理工作通常被划分到各种不同的项目中，通过项目团队来实现，而后由数据管理服务或生产支持/运营团队来执行运维。IT方面也需要一定程度的管理专责（Stewardship）。大多数组织都需要一个针对业务和IT两方面的治理结构，同时还需要有监督功能。组织中负责治理活动的不同部门需要积极协作和协调。图5-4展示了这类模式如何根据组织的业务需求和约束条件以不同的方式来实现。

组织对数据治理的选择取决于企业现有的架构、数据治理的目的和组织对集中和协作的文化倾向。在一个集中式的模式（Centralized Model）中，一个数据治理组织监督所有主题领域中的所有活动。在复制式（分布式）的模式（Replicated Model）中，每个业务单元采用相同的数据治理操

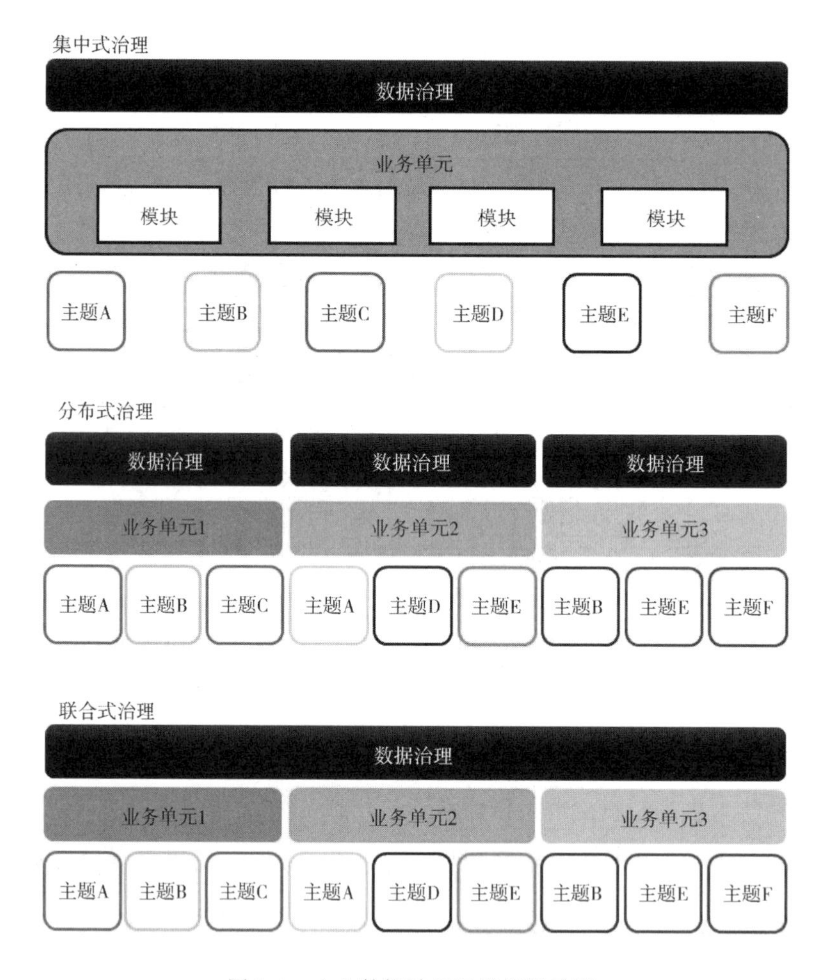

图 5-4　企业数据治理运维框架示例

（资料来源：*DAMA-DMBOK2*，第 75 页）

作模型和标准。在联合式的模式（Federated Model）中，一个数据治理组织与多个业务单元进行协调，以维护定义和标准的一致性。

除了组织人员进行数据治理之外，建立一个操作模式也很重要。这个模式定义治理组织和负责数据管理项目或计划的人员之间的交互，引入变更管理流程，建立问题管理解决路径。图 5-5 显示了一个示例，组织可以对其进行一些调整，以满足不同的要求，同时也能符合组织的文化。不管组织的情况如何，以下几个方面是不变的：组织的顶层起到监督职能；数据治理办公室应在相关领域内工作；策略应向下传达，问题应向上汇报；管理人员和利益相关方应在多个层面上参与治理。

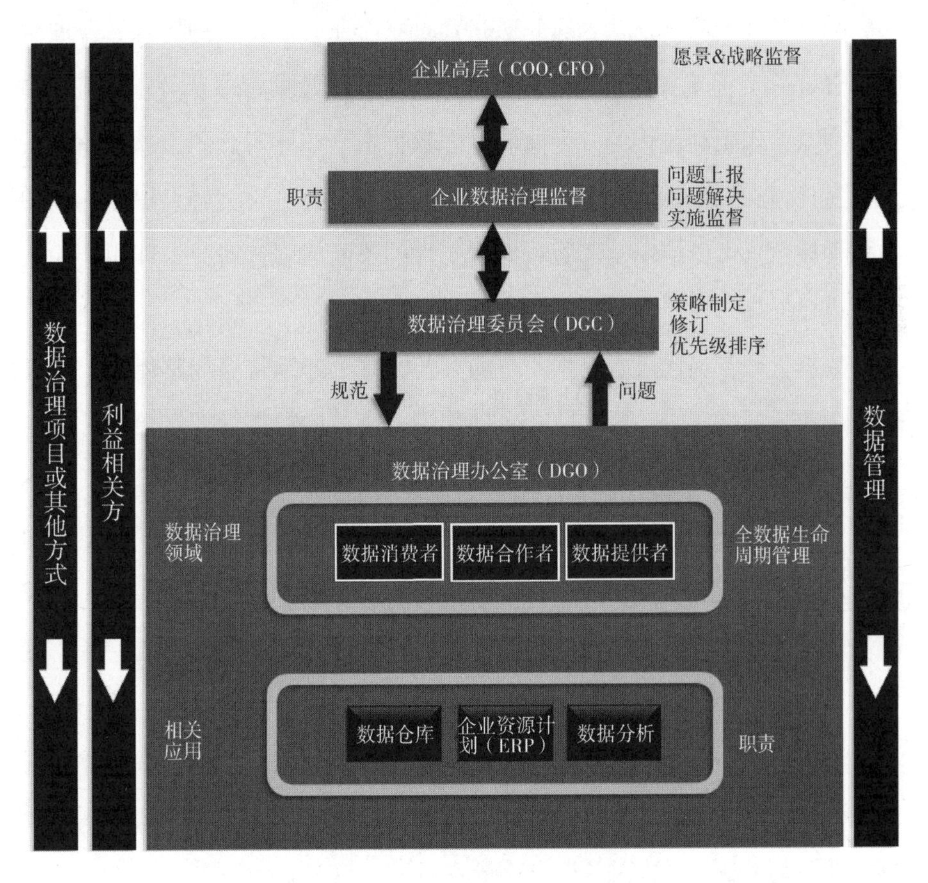

图5-5 数据治理运维模型示例

（资料来源：*DAMA-DMBOK2*，第83页）

数据管理专员

数据管理专员（Data Stewardship）是一个比较难理解的概念。管理专员（Steward）是为财产拥有者管理财产的人，而数据管理专员基于组织的最佳利益，代表利益相关方为他们管理数据资产。此观念源于这样一种认识：在任何组织中，始终有人拥有数据专业知识并真正关心组织如何维护数据和使数据可供使用。随着数据重要性的不断增强，对此管理职能的认可度也在提高。

数据管理专员代表所有相关方的利益，并且必须从企业整体的角度来确保企业数据高质量并可以被有效地使用。高效的数据管理专员应对数据治理活动负责，并花一定的时间来做这些工作。这个“数据管理专员”术语既包括非正式的数据管理人员，也包括正式的数据管理人员。非正式的数据管理人员在企业内也是很有价值的，他们能够协助其他人员获得成功。正式的数据管理人员在他们的职称中通常会包含“数据管理专员”这样的头衔。

管理活动的重点因组织而异，取决于组织的战略、文化、试图解决的问题、数据管理成熟度及管理计划的正规性。但是，在大多数情况下，数据管理活动将或多或少关注以下内容：

（1）**创建和管理核心元数据**。标准化、定义和管理业务术语、有效数据值和其他关键元数据。管理人员通常负责管理组织的业务术语表，此表将成为与数据相关的业务术语的记录系统。

（2）**记录规则和标准**。定义和文档化业务规则、数据标准和数据质量规则。用于定义高质量数据的期望通常根据创建或使用数据的业务流程中的规则来制定。管理人员帮助制定和完善这些规则，以确保组织内对于它们的使用和理解的一致性。

(3) **管理数据质量问题**。管理人员经常参与数据相关问题的识别、优先级排序和解决或促进解决问题的过程。

(4) **执行数据治理操作活动**。在任何时候，对任何项目，管理人员都应确保遵守数据治理策略和方案。他们应该能够影响决策，确保数据以支持组织总体目标的方式被管理。

启动数据治理

数据治理使有关数据的决策成为大家共同承担的责任。数据治理活动跨越了组织和系统边界，以支持完整的数据视图。成功的数据治理需要清楚地了解什么在被治理、谁在被治理，以及谁在治理。

不管数据治理团队是如何组成的，他们都执行类似的活动。在建立治理方案之前，数据治理团队需要了解当前的组织策略、文化和特定数据的挑战。这个评估的目标是定义数据治理对于组织的意义，以及建立数据治理策略。

初步评估可能包括：

(1) **数据管理成熟度评估**。通过分析企业人员、过程和技术等资源的利用情况，来评估企业数据管理和数据价值实现的程度。该评估可以帮助企业判断正式和非正式的数据管理专员的水平、现有的数据标准等，并且能够识别改进的机会。

（2）**变更能力评估**。评估数据治理能够成功地增强所需的组织能力，识别治理程序的潜在障碍。

（3）**协作的准备程度**。这表现为组织跨职能部门之间的协作，从而进行数据管理并做出一致的整体决策的能力。

（4）**业务一致性**。评估组织对数据的使用和管理与其业务策略是否一致及一致程度。识别与数据治理相关的核心业务接触点（如采购、预算/资金、合规性、系统生命周期标准）。

（5）**数据质量评估**。识别关键数据和现有的数据难点，以便深入了解与数据和业务流程相关的现实问题和风险。

（6）**合规性评估**。理解数据风险与合规性需求之间的关系，以及它们是如何被管理的；识别能够提高组织合规能力的控制和监管活动。

初始评估有助于理解数据治理的业务需求。成熟度、数据质量和合规性评估应该识别具体的改进起点，但是总体方法应该由定义了与业务目标相关的数据治理工作范围和方法的策略来驱动。策略的制定应该包括：

（1）一个定义了目标和原则的纲领。

（2）一个具有问责机制的操作框架。

（3）一个实施路线图和成功运维的计划。这个计划包括：

1）数据治理活动的目标状态，以及如何将它们嵌入标准的业务和 IT 过程；

2）改善数据管理能力和数据质量的初始方案；

3）预计此工作对于整个企业的价值；

4）用于展现这些价值的度量标准。

一旦制定了策略，团队开始了工作，他们就应通过以下步骤来实施这些策略：

（1）制定策略。

（2）开展与数据提升相关的项目。

（3）参与变更管理，从而教育员工学会采用新的行为方式。

（4）管理在实施过程中可能出现的问题和冲突。

可持续的数据治理

数据治理职能通过建立管理数据资产的方针和最佳实践，以及对其实施的持续监督来指导数据管理。由于这些实践必须通过其他业务领域执行，所以数据治理原则必须被嵌入数据管理生命周期和基础活动中。

成功的数据治理项目将：

（1）建立符合并支持业务战略的数据治理战略。

（2）基于数据管理原则，制订和执行相关行动计划。

（3）设置数据质量标准。

（4）提供关键数据的管理。

（5）确保组织遵守与数据相关的法规。

（6）管理那些与数据和治理的各方面相关的问题。

成功的数据治理项目还将通过以下工作使组织提高数据管理成熟度曲线：

（1）支持数据管理项目。

（2）标准化数据资产评估。

（3）参与关于从数据中获取价值所需要的行为的持续交流。

首席数据官

多数企业在一定程度上认识到，数据是一种有价值的企业资产。在过去的10年中，一些企业任命了首席数据官（Chief Data Officer，CDO），以通过他们在技术与业务之间搭建桥梁，并且在企业高层宣传数据管理策略。设置了首席数据官的企业数量也在不断增加。《福布斯》在2018年1月的报道中称，超过六成的财富1000强企业设置了CDO。

尽管CDO的需求和职能会因各个企业的文化、组织架构和业务需求有所不同，但通常会包括业务策划师、顾问、数据质量管理人员和数据管理代表等。

2014年，Dataversity网站发布了一份研究报告，概述了CDO的一些共性责任。包括：

（1）构建组织的数据策略。

（2）将有关数据的需求与现有的IT和业务资源结合起来。

（3）建立数据治理标准、方针和流程。

（4）为依赖数据的业务活动提供建议（或服务），如业务分析、大数据、数据质量和数据技术。

（5）向企业内部和外部的业务利益相关方宣传信息管理原则的重要性。

（6）在数据分析和商务智能活动中指导数据的使用。

不管对于任何行业，数据管理组织通常都是通过CDO向上报告。在分散型的运维模式中，策略的制定由CDO负责，策略的执行则由在IT、运维或其他业务部门中的资源人员负责。最初，为了制定有关策略，CDO 可能会建立数据管理办公室（Data Management Office）。随着时间的推移，以及效率和规模效应的确立，CDO 还会负责数据管理、治理和分析等多个方面的工作。

数据治理和领导承诺

与数据管理的其他方面相比，数据治理更加需要管理者的承诺和高层的支持。有很多潜在的障碍会阻止数据治理取得成功。治理的重点是让人们对数据采取不同的行为。改变行为具有挑战性，特别是对于覆盖整个企业的活动来说。任何一种治理都可能被视为强制行为，而不是一种改善过程和促成成功的手段。但是，如果组织了解到数据是如何支持业务策略的，就会理解并认可数据治理的好处：

（1）在整体业务战略的背景下制定有关数据的决策，比在逐个项目的基础上做出这些决策更有意义。

（2）对于数据的新的行为要求，应该写入数据治理的方针纲领中。这可以为雇员和其他利益相关方提供明确的指导方针。

（3）一次性并一致性地定义数据能够节省时间、精力和减少组织的变动。

（4）建立和执行数据标准，是定义和提高组织最关键数据的质量的一种有效手段。

（5）降低与数据隐私相关的风险，有助于防止数据泄露，并有助于维护组织的声誉和底线。

你需要知道什么

（1）数据治理是一项持续的工作，通过阐明战略、建立框架、制定方针及实现数据共享，为所有其他数据管理职能提供指导和监督。

（2）数据治理本身并不是目的，它是实现业务目标的一种手段。

（3）数据治理职能如何设立，依赖于数据治理项目的目标和企业文化。

（4）数据治理通过将活动（Activities）和行为（Behaviors）与数据管理原则相结合，来支持组织的业务战略，帮助组织应对数据管理的挑战。

（5）数据治理需要领导层的承诺和投入。该承诺也将有助于数据管理职能的其他功能获得成功。

第6章　数据生命周期管理的规划和设计

数据生命周期管理活动（Data Lifecycle Management Activities）着重于数据的规划和设计、使数据可用及可维护，以及通过应用数据实现组织的目标。数据架构师和数据建模师负责数据的规划和设计。

本章描述如下内容：

- 企业架构在组织数据规划和设计中的角色
- 数据架构在数据管理中的关键作用
- 与数据建模相关的目标和构件

企业架构

架构（Architecture）是指为了优化整体结构或系统的功能、性能、可行性、成本和美感而对构成要素进行的有组织的设计。“架构”已经被采纳为用来描述信息系统设计中多个方面的术语。即使在小型组织中，信息技术也并不简单。用于描述系统和数据流的构件和文档可以向人们展示系统、流程和数据等是如何一起工作的。在架构上进行战略规划可以使组织对其系统和数据做出更好的决策。

在实践中，架构应用在组织内的不同级别（包括企业、部门或项目）

和不同的关注点（例如，基础设施、应用程序或数据）层面执行。表 6-1 描述并比较了不同类型的架构。来自不同领域的架构师必须协同处理开发需求，因为领域之间是互相影响的。

表 6-1　企业各类架构

架构类型	目的	元素	依赖关系	角色
企业业务架构	确定企业如何为客户和其他利益相关者创造价值	业务模型、流程、功能、服务、事件、策略、词汇	为其他域制定需求	业务架构师和分析师、业务数据管理专员
企业数据架构	描述如何组织和管理数据	数据模型、数据定义、数据映射规范、数据流、结构化数据 API	管理那些由业务架构创建和要求的数据	数据架构师和建模师、数据管理专员
企业应用架构	描述企业应用程序的结构和功能	业务系统、软件包、数据库	根据业务需求对指定数据执行操作	应用架构师
企业技术架构	描述使系统能够运行和交付价值所需的物理技术	技术平台、网络、安全、集成工具	托管和执行应用程序架构	基础设施架构师

注：资料来源于 *DAMA-DMBOK2*，第 101 ~ 102 页。

良好的企业架构管理应用有助于组织了解系统的当前状态，促进系统的未来提升，实现监管合规性，并提高效率。对数据及用以存储和使用数据的系统加以有效管理是架构学科的共同目标。

Zachman 框架

架构框架（Architecture Framework）是开发各种相关架构的基础结构。

它提供了思考和理解架构的方法，还描绘了一个总体的“架构的架构”。对于非架构师和许多其他人员来说，显然无法搞清楚架构师在做什么。架构框架的重要价值就在于，不用进行很详细的描述就能帮助非架构人员理解这些概念之间的关系。

最著名的企业架构框架——Zachman 框架，是约翰 A. 扎克曼（John A. Zachman）于 20 世纪 80 年代提出的，该框架仍然在持续发展中。Zachman 认识到，在创建房屋、飞机、企业、价值链、项目或系统时，有很多利益相关方，他们从不同的视角看待架构。Zachman 将这一概念应用于企业内不同类型和级别的架构需求。

Zachman 框架由一个 6×6 矩阵表示，该矩阵总结了用以描述企业及其关系所需的一整套模型。它没有定义如何创建模型，只是显示了哪些模型应该存在，如图 6-1 所示。

	是什么	怎么做	在哪里	是谁	什么时间	为什么	
执行	库存识别	流程识别	分布识别	责任识别	时间识别	动机识别	上下文范围
企业管理	库存定义	流程定义	分布定义	责任定义	时间定义	动机定义	业务概念
架构师	库存表示	流程表示	分布表示	责任表示	时间表示	动机表示	系统逻辑
工程师	库存规格	流程规范	分布规范	责任规范	时间规范	动机规范	技术物理
技术员	库存配置	流程配置	分布配置	责任配置	时间配置	动机配置	工具组件
企业	库存实例	流程实例	分布实例	责任实例	时间实例	动机实例	操作实例
	库存集	过程流	分销网络	责任分配	时间周期	动机的意图	

图 6-1 简化的 Zachman 框架

（资料来源：*DAMA-DMBOK2*，第 103 页）

Zachman 框架总结了利益相关方可能从不同视角提出一系列问题及这些问题的简单答案（如做什么、如何做、何处做、何人做、何时做、为何做）：

（1）**领导层视角（商业环境）**。在识别模型中，给商业元素设定了框架范围。

（2）**业务管理者视角（经营理念）**。在定义模型中，阐明主管领导对各业务的定义及这些定义之间的相互关系。

（3）**架构师视角（商业逻辑）**。在描述模型中，展示系统的逻辑模型，由架构师作为设计者给出系统需求和非约束性设计等。

（4）**工程师视角（商业物理）**。在规范模型中，工程师作为建造者，明确描述如特定技术、人员需求、成本和时间等特殊需求下优化设计所需要使用的物理模型。

（5）**技术人员视角（组件组装）**。在配置模型中，技术人员作为实施者，配置特定技术，并且在不受具体场景影响的情况下，组装和操作系统组件。

（6）**用户视角（操作）**。这是实际操作功能的实例。由工作人员作为参与者使用框架，在这个视角上没有具体的模型。

基于以上视角，Zachman 框架识别出应当使用哪些架构构件来回答这些基本问题。

数据构架

数据架构是数据管理的基础。由于大多数组织拥有的数据量超出了个人理解的范围，因此有必要在不同层次上展示组织的数据，以便管理层能够理解并对其做出决策。

对数据架构的专业学科可以从以下几个角度加以理解：

（1）**数据架构结果**。如各种级别的模型、定义和数据流（通常称为数据架构构件）。

（2）**数据架构活动**。用于形成、部署和实现数据架构计划。

（3）**数据架构行为**。例如，影响企业数据架构的各角色之间的协作、思维模式和技能。

组织的数据架构由一系列不同抽象层次上的主设计文档组成的完整集合来描述，包括指导数据收集、存储、排列、使用和删除的标准，以及通过组织的所有系统和路径对数据进行描述。

数据架构的构件包括用于描述现有状态、定义数据需求、指导数据整合和控制数据资产的规范。这些规范在数据策略中应该有所说明。最详细的数据架构设计文档应当是一个正式的企业数据模型，包含数据命名、全面的数据和元数据定义、概念和逻辑实体及其关系、业务规则等。物理数据模型也包括在内，但其应当作为数据建模和设计的结果，而不是数据架构的组成部分。

数据架构在能够完全支持整个企业的需求时体现出最大价值。企业数据架构为整个组织的重要元素定义标准术语和设计内容。设计包括对业务数据本身的描述，以及数据的收集、存储、整合、迁移和分布。企业数据架构有助于整个组织实现一致性数据的标准化和数据的整合。

数据架构应成为业务战略和技术执行之间的桥梁。作为企业架构的一部分，数据架构师的工作内容如下：

（1）战略性地为组织做好准备，从而快速升级产品、服务和数据，并利用新兴技术抓住各种商机。

（2）将业务需求转换为数据和系统需求，以便各个过程始终能获得所需的数据。

（3）管理整个企业复杂的数据和信息交付系统。

（4）促进业务部门与信息技术（IT）部门之间的协调。

（5）充当变革、转型和机敏的倡导人。

这些业务驱动应作为衡量数据架构价值的因素。

数据架构构件

当数据通过数据源或接口在组织内部流动时，将被保护、整合、存储、记录、编目、共享、报告、分析及交付给利益相关方。在此过程中，数据可以被验证、增强、链接、认证、聚合、匿名化，并用于分析，直到存档或销毁。因此，企业数据架构必须包括企业数据模型（如数据结构和数据规范）和数据流设计。

数据架构师在组织层面创建并维护有关数据及其迁移的情况。这种做法使组织能够将数据作为资产进行管理，同时通过数据应用、降低成本和避免风险等使得数据实现更大的业务价值。

数据架构师通过寻求一种为企业带来价值的方式来进行架构设计。这些价值来自于最优的技术规划、运营和项目效率，以及组织日益提升的数据使用能力。要实现这些价值，就需要进行良好的设计和规划，也需要具备有效执行的能力。

1. 企业数据模型（EDM）

企业数据模型（Enterprise Data Model，EDM）是整体的、企业级的、

凌驾于具体实践之上的概念或逻辑数据模型，为整个企业提供通用和一致的数据视图。EDM 包括重要的企业数据实体（即业务概念）及其关系、核心的指导性业务规则和其他一些关键属性。EDM 为所有的数据及数据相关的项目提供基础。任何项目级数据模型都必须基于 EDM。利益相关方应负责审查 EDM，并就该模型是否能有效代表企业达成共识。

认识到企业数据模型需求的组织，必须决定投入多少时间和精力用于构建该模型。EDM 可以在不同的细节层次上进行构建，因此资源可用性将影响其初始范围。随着时间的推移和企业需求的增加，企业数据模型中采集详细信息的范围和级别通常也会扩展。大多数成功企业的数据模型都是多层次（Layers）的，并是以递增和迭代的方式构建的。

图 6-2 关联了不同类型的模型，并显示了概念性的模型最终是如何链接到物理应用数据模型的。该图区分了：

（1）关于企业主题领域的一个概念性视图。

（2）每个主题领域的实体及其关系视图。

（3）关于同样主题领域的详细或部分属性化的逻辑视图。

（4）为某个特定的应用程序或项目建立的逻辑模型和物理模型。

图 6-2 中的所有层级都是企业数据模型的一部分。我们可以通过层级之间的链接来追溯上下模型之间，以及同一个层级的实体的路径。

2. 数据流设计

数据流设计定义了数据库、应用程序、平台和网络（组件）对数据存储与处理的需求和主蓝图。这些数据流映射了数据在业务流程中的移动过程，以及数据在不同位置、业务角色和技术组件之间的移动过程。

数据流是描述业务流程和系统中数据移动方式的数据沿袭文档。端到

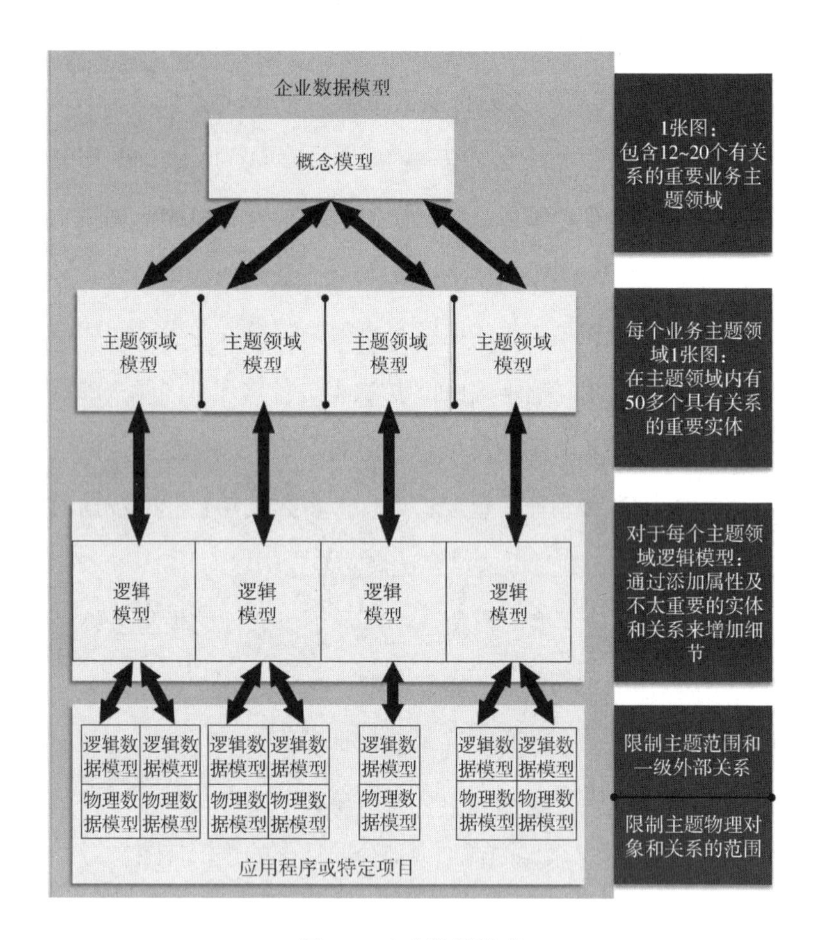

图 6-2　企业数据模型

（资料来源：*DAMA-DMBOK2*，第 106 页）

端数据流说明了数据的来源、存储和使用的位置，以及在企业内部、不同流程与系统中数据移动的转换方式。数据沿袭分析有助于解释数据流中给定点的数据状态。

数据流映射和记录数据与以下内容之间的关系为：

（1）业务流程中的应用程序。

（2）环境中的数据存储或数据库。

（3）网段（Network Segments），用于安全映射。

（4）业务角色，描述哪些角色负责创建、更新、使用和删除数据（CRUD）。

（5）局部差异发生的地方。

数据流可以记录不同的细节级别，比如主题域、业务实体，甚至属性级别。系统可以由网段、平台、通用应用程序集或单个服务器表示。数据流可以用二维矩阵（见图 6-3）表示或在数据流图（见图 6-4）中表示。

企业数据模型和数据流设计需要充分配合。如前所述，两者都需要反映当前状态、目标状态（架构视角）和过渡状态（项目视角）。

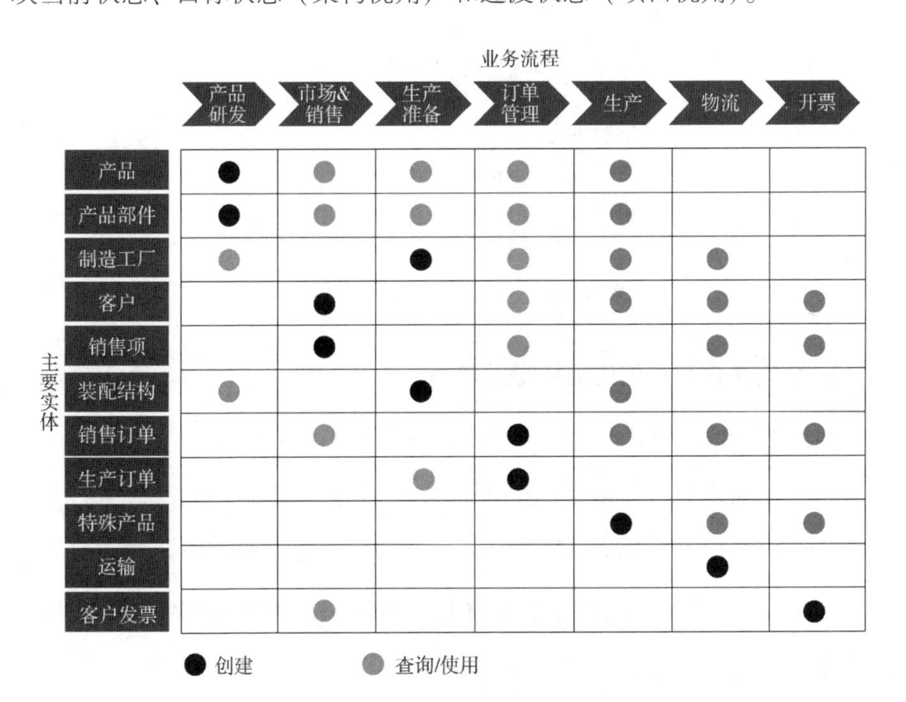

图 6-3　二维矩阵中描述的数据流

（资料来源：*DAMA-DMBOK2*，第 108 页）

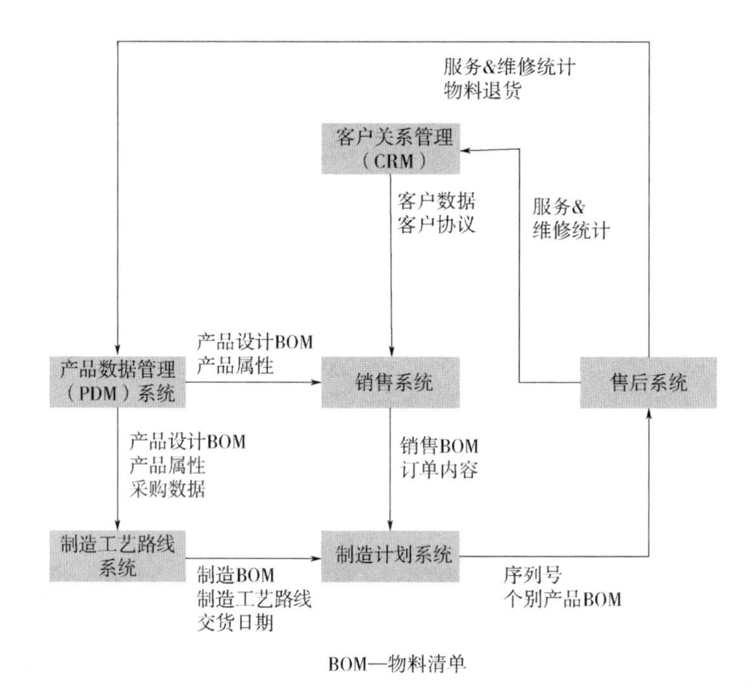

图 6-4　数据流图示例

（资料来源：*DAMA-DMBOK2*，第 109 页）

3. 数据架构和数据管理质量及创新

数据架构和企业架构从两个角度处理复杂性：

（1）**面向质量**。此角度专注于业务和技术开发周期内的改进执行。未获得良好管理的架构会逐渐退化，系统会趋于更复杂和不灵活，从而给组织带来风险。数据传输、数据拷贝和接口混乱关系的不受控制，会降低组织效率和数据的可信度。

（2）**面向创新**。此角度专注于转变业务和技术，以应对新的期望、把握新的机遇。利用颠覆性技术和数据的使用来推动创新已成为现代企业架构师的职责。

以上两个驱动因素对应不同的方法定位。

(1)“面向质量”的方法与传统的数据架构工作一致。在传统的数据架构工作中，架构质量改进是通过架构师与项目之间的连接逐步实现的。通常，架构师会牢记整个架构，并关注与治理、标准化和结构化开发直接相关的长期目标。

(2)“面向创新”的方法可以具有较短期的视角，并使用未经验证的业务逻辑和前沿技术。这种定位通常要求架构师与组织中不和 IT 专业人员经常互动的人联系，如产品开发代表和业务设计人员。

数据架构师在企业架构内，或作为数据架构团队工作，负责制定路线图，管理项目中的企业数据需求，并整合整个企业架构。数据架构成功与否，取决于是否定义和遵守标准及创建和维护有用和可用的架构构件。规范的架构实践可以通过创建可再利用的和可扩展的解决方案来提高效率和质量。

数据建模

模型是对存在的事物或待成形事物样板的描述。地图、组织结构图和建筑蓝图等都是日常使用的模型例子。模型图使用标准符号，便于人们理解其具体内容。

数据建模是发现、分析和界定数据需求的过程，然后以数据模型的精确形式表示和传达这些数据需求。数据建模是数据管理的重要组成部分。数据建模过程要求组织发现并记录其数据是如何组合在一起的。数据模型使组织能够了解其数据资产。

数据模型包括对数据消费者至关重要的元数据。在数据建模过程中发现的许多元数据对其他数据管理功能也都至关重要，如数据治理的定义、数据仓库和数据分析之间的关系。

数据模型描述组织理解的或组织希望获得的数据。数据模型包含一组带有文本标签的符号，这些符号通过可视化来展示传达给数据建模师的数据需求。这些数据的范围可以从小型（对于项目）到大型（对于组织）。

因此，数据模型是数据建模过程产生的数据需求和数据定义的文档化形式。数据模型是将数据需求从业务部门传递到 IT 部门，以及在 IT 部门内部，从分析师、建模师和架构师传递到数据库设计者和开发人员的主要媒介。

数据模型对于有效管理数据至关重要，因为数据模型：

（1）提供关于数据的通用词汇。

（2）捕获并记录关于组织数据和系统的显性知识（元数据）。

（3）在项目期间充当主要的沟通工具。

（4）为应用程序的构建、整合甚至替换提供出发点。

1. 数据建模目标

数据建模的目标是确认和记录对数据不同视角的理解。这种理解促使应用程序和数据更加符合当前和未来的业务需求。这种理解也为成功完成诸如主数据管理和数据治理方案等广泛的计划奠定了基础。恰当的数据建模可以降低维护费用，在未来计划中增加更多重用机会，从而降低构建新应用程序的成本。此外，数据模型本身也是元数据的一种重要形式。

确认并记录对数据不同视角的理解有助于：

（1）形式化。数据模型记录了数据结构及其关系的简明定义，可以评估数据如何受到实施的业务规则的影响，适用于当前（原样）状态或期望的目标状态。形式定义为数据增加了一个规范的结构，可以减少访问和保存数据时发生数据异常的可能性。通过说明数据中的结构和关系，数据模型使得数据更易于使用。

（2）**范围定义**。数据模型有助于界定项目的规模，包括数据的界限、所购买的应用程序包、计划或现有系统。

（3）**知识留存/文档化**。数据模型可以通过显性形式来保存组织有关系统或项目的信息，可以作为历史原样版本供未来查询。

数据模型有助于人们了解组织/业务领域、现有应用程序或修改现有数据结构的影响。数据模型成为可重用的图示，有助于业务专业人员、项目经理、分析师、建模师和开发人员了解环境中的数据结构。与地图制作者学习并记录地理景观以供他人导航的方式大致相同，数据建模者使其他人得以了解数据信息相关情况。

2. 构建数据模型的组件

数据模型有不同的类型，包括关系模型（Relational）、多维模型（Dimensional）等。数据建模者将根据组织的需要、建模的数据及模型开发系统来使用适当的模型类型。不同类型的模型使用不同视觉上的惯例来收集和表达信息。

模型也因所描述信息的抽象级别的不同而不同（概念型，抽象级别高；逻辑型，抽象级别适中；物理型，描述特定系统或数据实例化）。

但是模型都使用相同的构建组件：实体、关系、属性和域。

作为组织的领导者，能看懂数据模型不是必需的能力，但是如果能了解数据模型是如何描述数据的，将会对组织大有帮助。通过如下的一些概念，以及通过定义和样例展示数据模型工作，可以给人们带来别有风味的感知。

（1）实体。

在数据建模之外，实体（Entity）是指独立于其他事物而存在的事物。在数据建模中，实体是组织收集信息的对象。实体有时被称为“组织的名词”（The Nouns of an Organization）。在关系数据模型中，实体是标识被建模的概念性的框。

一个实体可以被认为是一个基本问题的答案——谁、什么、何时、何地、为什么、如何，或这些问题的组合。表6-2定义并给出了常用实体类别的示例。

表6-2　常用实体类别

类别	定义	示例
谁（Who）	感兴趣的人或组织。即谁对企业很重要。通常“谁”与客户或供应商等角色相关联。个人或组织可以有多个角色，也可以包含在多个当事人之中	雇员、依赖者、患者、玩家、嫌疑人、客户、供应商、学生、乘客、竞争对手、作家
什么（What）	企业感兴趣的产品或服务。它通常指的是组织所做的或者提供的服务。即什么对企业很重要。类别、类型等属性在这里非常重要	产品、服务、原材料、成品、课程、歌曲、照片、书籍
何时（When）	企业感兴趣的日历或时间间隔。即业务什么时候开始运营	时间、日期、月份、季度、年份、日历、学期、财政周期、分钟、出发时间

（续）

类别	定义	示例
何地（Where）	企业感兴趣的位置。位置既可以指实际场所也可以指电子场所。即业务在哪里进行	邮寄地址、分发点，网址URL（统一资源定位符）、IP（互联网协议）地址
为什么（Why）	企业感兴趣的事件或交易。这些事件使业务得以维持。即为什么要做生意	订货、退货、投诉、取款、存款、恭维、查询、交易、索赔
如何（How）	企业感兴趣的事件文档化。文档提供事件发生的证据，如记录订单事件的采购订单。即我们如何知道事件发生了	发票、合同、协议、账户、采购订单、超速罚单、装箱单、交易确认书
度量（Measurement）	在时间点上或超出时间点（何时）的其他类别（什么、在哪里）的计数、总和等	销售、项目计数、付款、余额

（2）关系。

关系（Relationship）是实体之间的关联。关系捕捉概念实体之间的高级交互、逻辑实体之间的详细交互及物理实体之间的约束。关系在数据建模图中显示为线段。

在两个实体之间的关系中，基数（Cardinality）表示一个实体（实体实例）参与另一个实体关系的数量。例如，一个公司可以有一个或多个雇员。

基数由出现在关系线两端的符号表示。基数的选项很简单：零、一个或多个。关系的每一面都是零、一个或多个的任一组合。

图 6-5 显示了不同的基数关系。一个组织雇用一个或多个雇员。一个雇员可以支持零、一个或多个家庭成员（依赖者）。但雇员在一段时间内只有一份工作。基数关系是捕获与数据相关的规则和期望的一种方式。如果数据显示雇员在设定的时间段内拥有多份工作，就意味着数据中存在错误，或组织违反了规则。

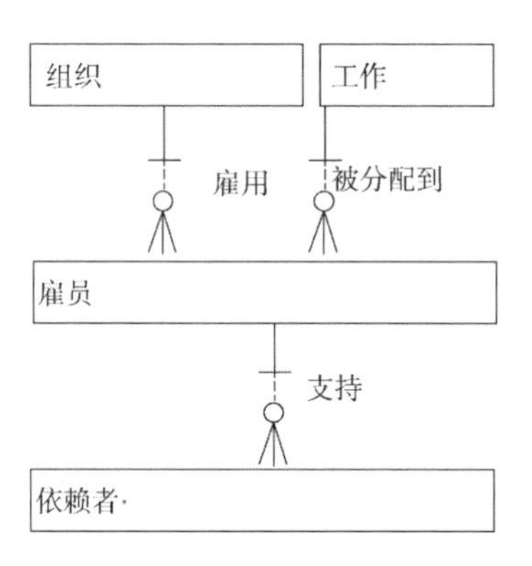

图 6-5　具有基数的关系数据模型

（3）**属性**。

属性（Attribute）是标识、描述或度量实体某项性质的参数。实体中属性的物理对应关系是表、视图、文档、图形或文件中的列、字段、标记或节点。在图 6-6 的示例中，实体组织具有税务登记号、电话号码和名称的属性；雇员具有雇员编号、名字、姓氏、出生日期的属性；家庭成员和工作详细信息具有描述其特征的属性。

（4）**域**。

在数据建模中，一个域（Domain）是指一个可赋值属性所有可能的值的完整集合。域提供了一种标准化属性特征的方法，并约束了该字段可填

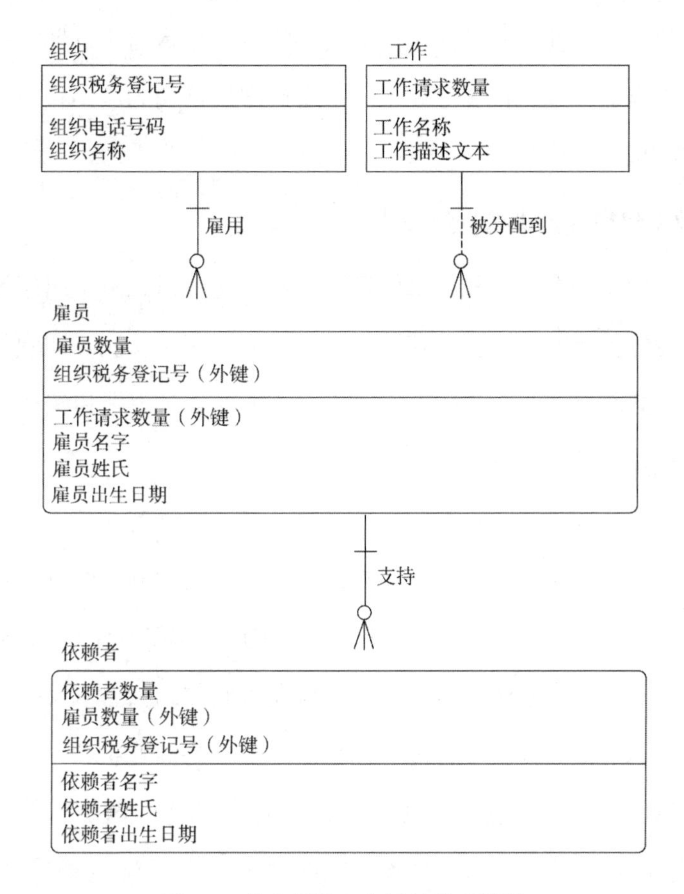

图 6-6　具有属性和主键的关系模型

充的数值。例如，可以将包含所有可能有效日期的日期域分配给逻辑数据模型中的任何日期属性或物理数据模型中的日期列/字段，如：

1）雇员雇用日期；

2）订单输入日期；

3）确认提交日期；

4）课程开始日期。

域对于理解数据质量至关重要。域内的所有值都是有效值，域外的值被称为无效值。属性不应包含其指定域外的值。雇员雇用日期的域可以简单地定义为有效日期。根据这一规则，雇员雇用日期的域不包括任何一年的2 月30 日。

3. 数据建模和数据管理

数据建模是一个发现和记录信息的过程。这些信息对于组织通过其数据了解自身至关重要。模型能够捕获并使用组织内的知识（即它们是元数据的重要形式和来源）。它们甚至可以通过执行命名规则和其他标准来提高信息的质量，从而使信息更加一致和可靠。

数据分析师和设计人员充当信息消费者（对数据有业务需求的人）和数据生产者（在可用表单中采集数据的人）之间的中介。数据专业人员必须平衡信息消费者的数据需求和数据生产者的应用需求。

数据设计人员还必须平衡短期和长期业务利益。信息消费者需要及时获取数据，以满足短期的业务需求并利用好当前的商业机会。系统开发项目团队必须受到时间和预算的限制，但同时也必须确保组织数据位于安全、可恢复、可共享和可重用的数据架构中，并使这些数据尽可能正确、及时、相关和可用，从而满足利益相关者的长期利益。因此，数据模型和数据库设计应在企业短期需求和长期需求之间做出合理的平衡。

你需要知道什么

（1）数据架构对于组织理解自身（系统、数据及业务和技术流程之间的关系）的能力至关重要。

（2）整体架构的战略方法使组织能够做出更好的决策。

（3）数据架构关注使组织能够理解和捕获有关自身数据的显性知识。

（4）数据架构流程创建和管理的元数据对于数据的长期使用和管理至关重要。

（5）数据建模对于数据管理至关重要。因为数据模型定义了组织的重要实体，明确了数据需求及管理数据和数据质量所必需的规则和关系。

第7章　数据赋能和数据维护

设计工作（如数据架构、数据建模）的重点旨在深入了解如何更好地设置应用程序，使组织可以对可用的、可访问的和当前的数据进行使用。一旦在数据仓库、数据集市和应用程序中建立了数据，就需要通过大量的操作工作来维护数据，以便继续满足组织的需求。本章描述数据管理功能，该功能侧重于数据赋能和数据维护，包括：

- 数据存储与操作
- 数据整合与互操作
- 数据仓库
- 参考数据管理
- 主数据管理
- 文档与内容管理
- 大数据存储

数据存储和操作

数据存储和操作功能是人们进行传统数据管理时就在思考的内容。这是数据库管理员（DBAs）和网络存储管理员（NSAs）执行的技术性很强的工作，目的是确保数据存储系统可访问和高性能，并保持数据完整性。数据存储和操作工作对于依赖数据处理业务的组织至关重要。

数据库管理有时被视为一项整体功能，但是数据库管理员扮演不同的角色。他们可以支持生产环境、开发工作或特定的应用程序与过程。数据库管理员的工作受到组织的整体数据库架构（如集中式、分布式、联合式，紧密或松散耦合）和数据库本身的组织方式（分层、关系或非关系）的影响。随着新技术的出现，数据库管理员和网络存储管理员也负责创建和管理虚拟环境（云计算）。由于数据存储环境非常复杂，数据库管理员希望通过自动化、可重用性及标准和最佳实践的应用来减少或至少能管理存储环境的复杂性。

虽然数据库管理员似乎与数据治理功能相去甚远，但他们了解技术环境，这对于实现与访问控制、数据隐私和数据安全等相关的数据治理至关重要。经验丰富的数据库管理员也有助于组织采用和利用新技术。

数据存储和操作是关于整个生命周期的数据管理——从数据获取直到数据清除。数据库管理员通过以下方式对这一过程做出贡献：

（1）定义存储需求。

（2）定义访问要求。

（3）开发数据库实例。

（4）管理物理存储环境。

（5）加载数据。

（6）复制数据。

（7）跟踪使用模式。

（8）规划业务连续性。

（9）管理数据备份和恢复。

（10）管理数据库性能和可用性。

（11）管理替代环境（例如，用于开发和测试）。

（12）管理数据迁移。

（13）跟踪数据资产。

（14）启用数据审核和验证。

简而言之，数据库管理员确保数据库的引擎正常运行。当数据库不可用时，他们将是第一个出现在现场的人。

数据整合与互操作

数据存储和操作活动侧重于存储和维护数据的环境，但数据整合与互操作（Data Integration and Interoperability，DII）活动包括在数据存储和应用程序内部及其之间迁移与整合数据的过程。数据整合是将数据整合为一致的形式，无论是物理形式，还是虚拟形式。数据互操作是多个系统进行沟通的能力。要整合的数据通常来自组织中的不同系统。组织也越来越多地将外部数据与自身生成的数据整合在一起。

DII 解决方案支持大多数组织所依赖的基本数据管理功能：

（1）数据迁移和转换。

（2）数据整合到数据总线或数据集市中。

（3）将供应商软件包整合到组织的应用程序组合中。

（4）应用程序之间和跨组织之间的数据共享。

（5）跨数据存储和数据中心分发数据。

（6）数据存档。

（7）管理数据接口。

（8）获取和摄取外部数据。

（9）整合结构化和非结构化数据。

（10）提供业务情报和管理决策支持。

数据整合与互操作实践和解决方案的实施旨在：

（1）以数据消费者（包括人员和系统）所需的格式和时间表提供数据。

（2）将数据物理地和虚拟地整合到数据集线器中。

（3）通过开发共享模型和接口，降低管理解决方案的成本和复杂性。

（4）识别有意义的事件（机会和威胁），并自动触发警报和采取应对措施。

（5）支持商务智能、数据分析、主数据管理和运转效率工作。

DII 解决方案的设计需要考虑：

（1）更改数据采集：如何确保数据正确更新。

（2）响应时延：从创建或采集数据到使用数据的时间间隔。

（3）复制：如何分发数据，以确保其性能。

（4）编排：如何计划和执行不同的流程，以保持数据的一致性和连续性。

DII 的核心价值是确保数据在组织内部和组织之间，能够在不同的数据存储中高效地迁移。设计时要注意降低复杂性，这一点非常重要。大多数企业都有数百个甚至数千个数据库。如果 DII 没有得到有效的管理，仅仅管理接口就可能让 IT 组织不堪重负。

由于其复杂性，DII 依赖于其他数据管理领域，包括以下几个方面：

（1）数据治理：用于治理转换规则和消息结构。

（2）数据架构：用于设计解决方案。

（3）数据安全性：用于确保解决方案能有相应的方法来保护数据的安全性。这适用于在应用程序与组织之间移动的数据（持久的、虚拟的和动态的）。

（4）元数据：用于跟踪数据（持久的、虚拟的和动态的）的技术清单、数据的业务含义、转换数据的业务规则及数据的操作历史和谱系关系。

（5）数据存储和操作：用于管理解决方案的物理实例化。

（6）数据建模和设计：用于设计数据结构，包括数据库中的物理持久性、虚拟数据结构及在应用程序和组织之间传递信息的消息。

数据整合与互操作对于数据仓库和商务智能、参考数据与主数据管理至关重要。因为所有这些来自于多个源系统的数据都被转换与整合到集线器中，并从集线器传输到目标系统，在那里被传递给数据消费者（系统和人）。

数据整合与互操作也是大数据管理新兴领域的核心。大数据旨在整合各种类型的数据，包括数据库中结构化和存储的数据、文档或文件中的非结构化文本数据、其他类型的非结构化数据，如音频、视频和流媒体数据。可以通过挖掘这种整合的数据，将其用于开发预测模型，并部署到运营智能活动中。

实施 DII 时，组织应遵循以下原则：

（1）在设计中考虑企业视角，确保未来的可扩展性。当然，这是通过迭代和渐进交付来实现的。

（2）平衡本地数据需求与企业数据需求，包括数据的启用和维护。

（3）确保 DII 设计和活动的业务问责制。业务专家应参与数据转换规则的设计和修改，这包括各种持久性的规则及虚拟性的规则。

数据仓库

数据仓库（Data Warehouse，DW）允许组织将来自不同系统的数据整合到通用数据模型中，以支持操作功能、合规性需求和商务智能（BI）活动。数据仓库技术出现于20世纪80年代，许多组织在20世纪90年代开始认真构建数据仓库。数据仓库能够通过减少数据冗余和提高数据一致性，使组织更有效地使用数据。

术语“数据仓库”意味着所有的数据都在一个地方，就像在物理仓库中一样，但数据仓库要复杂得多。数据仓库由多个部分组成，数据可在其中迁移。在迁移过程中，可以更改数据的结构和格式，以便将其汇集到通用表中，使数据消费者从通用表中进行访问。通用表可以直接用于报告或作为下游应用程序的输入。

构建数据仓库需要各种数据管理技能，包括从数据存储、操作和整合所需的高技术技能，到数据治理和数据策略的决策技能。这也意味着需要管理那些基础流程，从而使数据安全、可用（通过可靠的元数据）和高质量。

构建数据仓库有不同的方法。具体采用什么方法将取决于组织的目标、战略和架构。无论采用何种方法，数据仓库都有共同的特性：

（1）数据仓库存储来自其他系统的数据，使其易于访问并可用于分析。

（2）数据存储行为包括以增加数据价值的方式组织数据。在许多情况下，这意味着数据仓库有效地创建了其他地方无法获得的新数据。

（3）组织之所以构建数据仓库，是因为它们需要向授权的利益相关方提供可靠、集成的数据。

（4）数据仓库有很多用途，包括支持工作流程、运营管理和预测分析等。

最著名的数据仓库方法论是由两位有影响力的思想领袖——比尔·恩门（Bill Inmon）和拉尔夫·金博尔（Ralph Kimball）推动的。

Bill Inmon 将数据仓库定义为“面向主题的、集成的、反映历史变化的、相对稳定的数据集合，以支持管理层的决策过程”。数据仓库是一个规范化的关系模型，用于存储和管理数据。图 7-1 展示了 Bill Inmon 的方法，该方法被称为“企业信息工厂”。

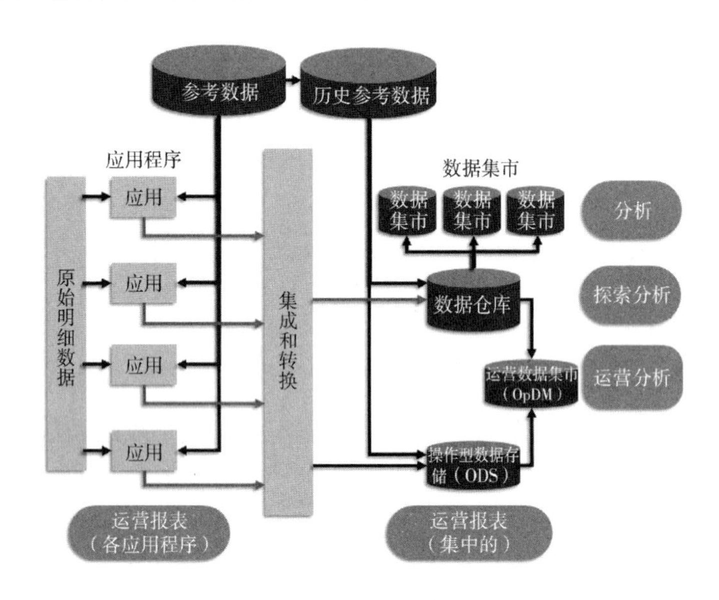

图 7-1　Bill Inmon 的企业信息工厂

（资料来源：*DAMA-DMBOK2*，第 388 页）

Ralph Kimball 将数据仓库定义为“专门为查询和分析构建的交易数据的副本”。图 7-2 展示了 Ralph Kimball 的方法，该方法需要一个维度模型。

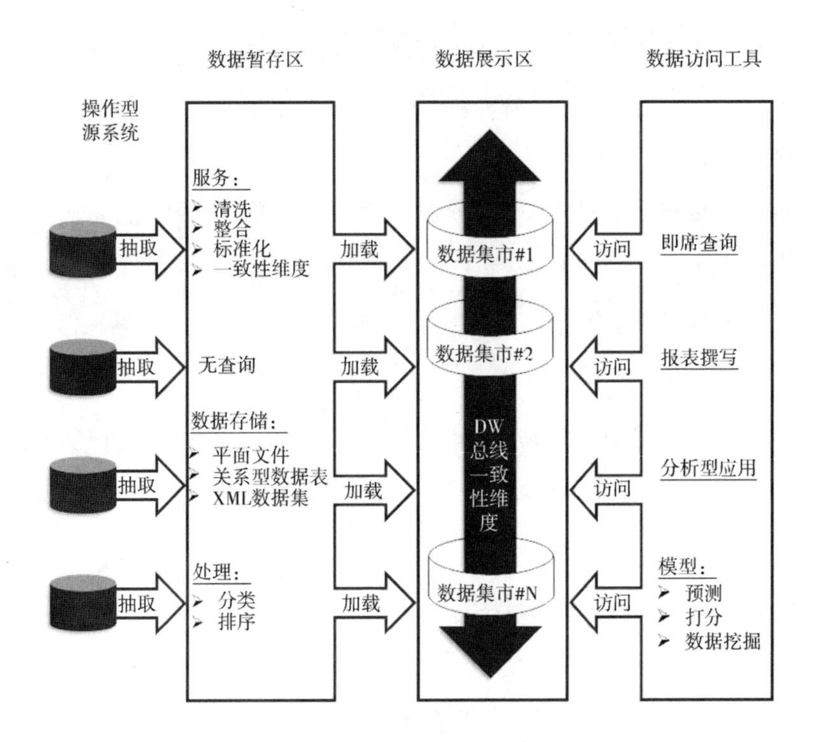

图 7-2　Ralph Kimball 的数据仓库象棋棋子视图

（资料来源：*DAMA-DMBOK2*，第 390 页）

随着我们接近新“千禧之年”的第三个 10 年，许多组织都在构建第二代和第三代数据仓库，或采用数据湖来提供数据。数据湖以更快的速度提供更多的数据，从而推动了从业务趋势的追溯分析转向对机会的预测分析。

管理更大的数据仓库需要额外的知识和规划，但同时也需要遵循一些数据仓库管理的基本原则，包括：

（1）**聚焦业务目标**。确保数据仓库服务于组织优先事项并解决业务问题。该做法需要从战略视角出发，通常为企业视角。

（2）**以终为始**。数据仓库内容应由业务优先级和商务智能的最终数据交付范围来驱动。

（3）**构思设计理想化，行动创建现实化**。让终极愿景指导架构，但是通过聚焦于更能实现直接投资回报的项目或“短平快”的做法，来逐步创建和交付成果。

（4）**总结和优化应放在最后阶段，而不是在开始阶段进行**。总结报表等应构建在原子级别的详细数据（Atomic Data）之上。为满足各种数据需求，同时也为保证数据仓库的性能，我们需要集成或汇总数据，但这并不能替代详细数据。

（5）**提升透明度和自助服务**。提供的数据相关信息（包括多种元数据）越多，数据消费者从数据中获得的价值就会越大。所以，要让利益相关方了解数据及其集成过程。

（6）**为数据仓库构建元数据**。数据仓库成功的关键是解释数据的能力。例如，能够回答“为什么总和为X”“如何计算”和“数据来自何处”等基本问题。元数据应作为开发周期的一部分被采集，并作为数据运营的一部分被管理。

（7）**协作**。数据仓库管理与其他数据职能协作，尤其是数据治理、数据质量和元数据。

（8）**没有适用一切的模式**。为每组数据消费者提供相应的数据工具和产品。

参考数据管理

不同类型的数据在组织中扮演着不同的角色，并具有不同的数据管理需求。参考数据（如代码和描述表）是仅用于表征组织中的其他数据，或者仅将数据库中的数据与超出组织边界的信息联系起来的数据。

参考数据提供了对创建和使用交易数据、主数据至关重要的关联环境。它使其他数据得到有意义的理解。重要的是，它是应该在企业层面加以管理的共享资源。如果组织内部具有多个这样的参考数据，不仅意味着低效，而且不可避免地会导致它们之间的不一致。而不一致会导致歧义，歧义会给组织带来风险。

参考数据管理（Reference Data Management，RDM）需要控制已定义的域值及其定义，其目标是确保组织能够使所表示的每个概念都获得一套完整、准确的当前值。

由于参考数据是共享资源并跨越内部组织边界，因此它们的所有权和责任对一些组织而言具有挑战性。一些参考数据来自组织外部，另一些参考数据可能在部门内创建和维护，但在组织的其他地方具有潜在价值。获取数据和应用更新的职责定位是管理参考数据的一部分。缺乏问责制会带来风险，因为参考数据的差异可能会导致人们对数据关联环境的误解（例如，当两个业务部门以不同的值来对相同的概念进行分类时）。

参考数据通常看起来比其他数据简单，因为参考数据通常比其他类型的数据少。它们的行和列都非常少，甚至像美国邮局（United States Postal Services，USPS）邮政编码文件那样的大型参考数据集，相对于中型零售商的日常金融交易数据也是很小的。参考数据通常也比其他形式的数据相对稳定。除了一些明显的例外情况（如货币汇率数据），参考数据很少发生变化。

管理参考数据的挑战来自于其使用。为了使参考数据得到有效管理（在多个应用程序和使用过程中保持最新和一致的值），需要运用技术手段，使人和系统数据消费者能够跨多个平台，及时、高效地访问数据。

与管理其他形式的数据一样，管理参考数据也需要进行规划和设计。架构和参考数据模型必须考虑参考数据的存储、维护和共享方式。因为它是一种共享资源，所以需要加强管理。为了从集中管理的参考数据系统中获得最大价值，组织应制定需要使用该系统的治理策略，并防止人们嵌入自己的参考数据集副本。这可能需要一定程度的组织变革管理活动，因为让人们为了企业的利益而放弃自己的电子表格，可能具有挑战性。

主数据管理

与参考数据一样，主数据也是共享资源。主数据是有关业务实体（如雇员、客户、产品、供应商、财务结构、资产和位置）的数据，这些实体为业务交易和分析提供关联环境。实体是现实世界的对象（如人、组织、地点或事物）。实体以数据/记录的形式表示。主数据应是代表关键业务实体权威的、最准确的可用数据。管理良好的主数据的值是可信的，可以放心使用。

主数据管理（Master Data Management，MDM）需要控制主数据值和标识符，以便在整个系统中对有关基本业务实体的最准确和及时的数据进行一致的使用。这些目标包括确保提供准确的当前值，同时减少出现模棱两可的标识符的风险。

更简单地说，当人们想到高质量的数据时，通常会认为是管理良好的主数据。例如，完整、准确、当前和可用的客户记录被视为“管理良好”。从这份记录中，他们应该能够汇集对该客户的历史了解。如果他们有了足够的信息，那么也许能够预测或影响该客户的行为。

主数据管理具有挑战性。它用数据说明了一个根本性的挑战：人们选择不同的方式来表达相似的概念，而这些表达方式之间的协调并不总是直接的。同样重要的是，随着时间的推移，信息会发生变化，系统地解释这些变化需要数据规划、数据知识和技术技能。简而言之，主数据的管理包括数据管理和数据治理工作。

任何认识到需要进行主数据管理的组织，可能都已经拥有复杂的系统环境，有多种捕获和存储现实世界实体数据的参考方式。经过一段时间的数据合并和收购的有机增长（Organic Growth），向主数据管理流程提供数据输入的系统可能对实体本身有不同的定义，并且很可能对数据质量有不同的标准。面对这种复杂性，最好一次处理主数据管理的一个数据域。从少量属性开始，随着时间的推移逐渐扩大范围。

规划主数据管理包括以下几个基本步骤：

（1）确定提供主数据实体全面视图的候选源信息。

（2）建立精确匹配和合并实体实例的规则。

（3）建立识别和恢复不恰当匹配与合并数据的方法。

（4）建立向整个企业系统分发可信数据的方法。

然而，执行过程并不像这些步骤那样简单。主数据管理是一个全生命周期的管理过程。主数据不仅必须在 MDM 系统中管理，还必须可供其他系统和流程使用。这就需要依靠能够共享和反馈数据的技术。此外，还需要由系统和业务流程对主数据值进行备份，并防止它们创建自己的“真相版本”。

尽管如此，主数据管理仍有很多好处。管理良好的主数据不仅可以提高组织效率，而且能降低由整个系统和业务流程的数据结构差异所带来的风险，并为丰富某些类别的数据创造机会。例如，通过外部来源信息，组织拥有的用户数据可以得到扩充。

文档和内容管理

文档、档案和内容（例如，存储在互联网和内部网站的信息）包含具有不同管理需求的数据形式。文档和内容管理需要控制存储在关系数据库之外的数据和信息的采集、存储、访问和使用。与其他类型的数据一样，文档和非结构化内容应该是安全且高质量的。确保其安全性和质量需要依靠治理、可靠的架构和管理良好的元数据。

文档和内容管理（DCM）聚焦于保证相关文档的完整性，也保证用户可以访问这些文档及其他非结构化、半结构化的数据。这大致相当于关系数据库的数据操作管理。然而，文档和内容管理也有其战略驱动因素。主要业务驱动因素包括合规性、响应诉讼和商务智能及业务连续性要求。

文档管理（Document Management）是一个通用术语，用以描述电子和纸质文件的存储、详细编目和管控。这包括整个数据生命周期中管理和组织文档的技巧和技术。

档案管理（Records Management）是文档管理的一种特殊形式，专注于档案。档案提供了组织活动的证据。组织活动可以是事件、交易、合同、信函、政策、决策、程序、操作、人事档案和财务报表。档案可以是物理文档、电子文件、消息或数据库内容。

文档和其他数字资产（如视频、照片等）包含内容。内容管理（Content Management）是指用于构建、分类和结构化信息资源的过程、技巧和技术，以便以多种方式存储、发布和重用信息资源。内容可能是动态的或静态的，可以通过临时更新进行正式管理（严格地进行存储、管理、审计、保留或处置）或非正式管理。内容管理在门户网站方面尤为重要，但基于关键词的检索技术和基于分类的组织技术可以跨技术平台应用。

成功地管理文档、档案和其他形式的共享内容，需要做到以下几点：

（1）规划，包括为不同类型的数据访问和处理创建策略。

（2）建立起支持内容策略所需的信息架构和元数据。

（3）启用组织、存储和检索各种形式内容所必需的术语（包括本体和分类）管理。

（4）采用能够管理内容生命周期的技术——从创建或捕获内容到版本控制，并确保内容安全。

对于档案，相关的保留和处置政策制定至关重要。档案必须在规定的时间内保存，一旦它们过了保存时长要求，就应该被销毁。档案必须经适当的人员和流程才能访问，并且与其他内容一样，档案应该通过适当的渠道进行传递。

为了实现这一目标，组织需要内容管理系统（Content Management System，CMS），及用于创建和管理支持内容使用的元数据工具。组织还需要进行内容治理，以及用于监督支持内容使用和防止内容滥用的政策和程序。这种治理使组织能够以一致和适当的方式应对诉讼。

大数据存储

大数据和数据科学与重大的技术变革紧密相连。这些变革使人们产生、存储和分析越来越多的数据，并利用这些数据预测和影响行为，同时也使人们可以深入了解一系列重要主题，如医疗保健实践、自然资源管理和经济发展。

早期大数据含义用3个“V”来表征：规模性（Volume）、高速性（Velocity）、多样性（Variety）。随着越来越多的组织开始挖掘大数据的潜力，“V”的列表已经扩大。

（1）**规模性（Volume）：指数据量**。大数据通常在数十亿个数据记录中包含成千上万个实体或元素。

（2）**高速性（Velocity）：指采集、生成或共享数据的速度**。大数据通常实时生成，也可以实时分布，甚至实时分析。

（3）**多样性/变异性（Variety/Variability）：指采集或交付数据的形式**。大数据需要以多种格式进行存储。在数据集内或数据集之间，数据结构通常不一致。

（4）**黏性（Viscosity）：指数据使用或集成的难度**。

（5）**可变性（Volatility）：指数据变化的频率及数据有效性的持续时间**。

（6）**真实性（Veracity）：指数据的可信度**。

利用大数据，需要改变技术和业务流程，以及数据管理的方式。大多数数据仓库都基于关系模型，但大数据却通常不基于关系模型。数据仓库取决于ETL（Extract，Transform，Load/抽取、转换、加载）概念。而大数据解决方案，如数据湖，取决于ELT（抽取、加载、转换）概念，先加载，然后再转换。这意味着数据集成所需的大部分前期工作并不适合大数据，因为ETL是基于数据模型创建数据仓库的。对于某些组织和某些数据，ELT是有效的；但对于另外一些组织，则需要集中精力准备供使用的数据。

数据的生成速度加快和规模不断扩大给数据管理带来了挑战。我们需要采取不同的方法来处理数据管理的关键问题。这不仅涉及数据集成，还包括元数据管理、数据质量评估和数据存储（如现场、数据中心或云端）。

大数据能否提供不同的洞察力取决于组织能否有效管理大数据。在许多方面，由于数据源和数据格式差异很大，因此大数据管理比关系数据管理需要更多的规范。每个“V”都有可能导致混乱。

尽管与大数据管理相关的原则尚未完全形成，但有一点非常明确：组织应仔细管理与大数据源相关的元数据，以便准确清点数据文件及它们的起源和价值。一些人质疑是否需要管理大数据的质量，但这个问题本身就反映出他们对质量（适用性）定义缺乏充分的理解。数据规模庞大，并不表示数据可以满足所有的需求。大数据还代表了新的道德风险和安全风险，这些风险需要通过数据治理来控制（参见第 4 章）。

大数据可应用于一系列活动，包括数据挖掘、机器学习和预测分析。但是要达到这一目标，组织必须有一个出发点和策略。组织的大数据战略需要与其整体业务战略保持一致，并提供支持。具体应评估以下方面：

（1）**组织试图解决哪些问题**。需要分析的内容：组织可能会决定使用数据来理解业务或业务环境；证明关于新产品价值的想法；探索一个假设；发明一种新的经营方式。建立一定的控制和检查机制，对于评估计划的价值和可行性是非常重要的。

（2）**使用或获取哪些数据源**。内部资源可能易于使用，但范围或会受限。外部资源可能有用，但不受操作控制（由他人管理，或者不受任何人控制，如社交媒体）。许多供应商都以数据代理的身份出现，我们可以从多种渠道获得同样的数据。如果组织能够将这些渠道与现有的数据获取方式相结合，也许可以降低总体投资成本。

（3）**提供数据的及时性和范围**。许多数据元素可以通过多种方式获取，比如实时抓取某个时间点的快照，甚至可以在集成和汇总后获取。较短的数据延迟是理想的状态，但通常以机器学习能力为代价，因为静态数据的计算算法与流数据的计算算法大相径庭。数据的下游使用需要许多的数据集成。

（4）**对其他数据结构的影响和相关性**。需要更改其他数据的结构或内容，使其适合与大数据集集成。

（5）**对现有数据模型的影响**。这包括扩展客户、产品和营销方法的知识。

基于以上大数据战略就可以推算出组织的大数据能力路线图的范围和时间安排。

许多组织都在将大数据集成到其总体数据管理环境中，如图7-3所示。数据从源系统移动到暂存区，并在此被清理或丰富，然后被集成并存储在数据仓库（DW）和/或操作型数据存储（Operational Data Store，ODS）中。从数据仓库中，用户可以通过集市（Marts）或框架（Cubes）访问数据，并将其用于各种报告。大数据经历的过程与之类似，但有一个明显的区别：大多数数据仓库是在将数据放入表之前集成数据，而大数据解决方案是在集成数据之前先摄取数据。大数据商务智能（BI）将会包括预测分析、数据挖掘及更传统的报告形式。

你需要知道什么

（1）数据赋能和数据维护的过程广泛、多样且不断发展。

（2）不同类型的数据具有特定的维护需求，但对于所有数据类型，

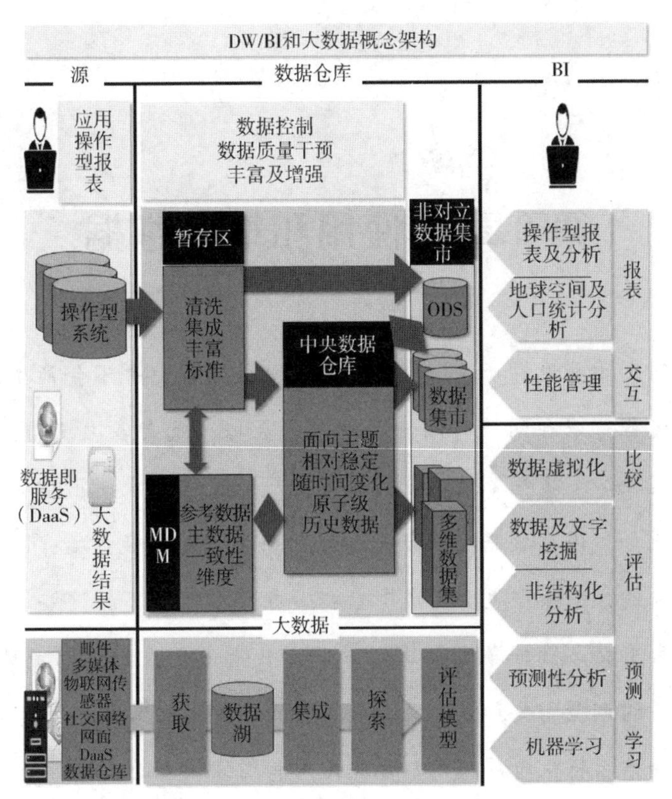

图 7-3　概念型 DW/BI 和大数据架构

（资料来源：*DAMA-DMBOK2*，第 391 页）

我们必须考虑数据的波动性（预期变化的速率、时间和类型）和质量（适用性）。

（3）良好的规划和设计有助于降低与此流程相关的复杂性。

（4）可靠、适当的技术及规范的操作流程对组织管理数据的能力至关重要。

（5）即使数据和技术不断变化（例如，从文档发展到大数据），数据管理的基本原则同样适用。

第8章　使用和增强数据

数据区别于其他资产的一个特征是其被使用后，并不会产生损耗。不同的人或流程可以在同一时间使用相同的数据，或者多次使用同一数据，都不会使其耗尽。数据不仅不会被损耗，反倒经过多次使用后会生成更多的数据。例如，现有数据集的合并和计算会生成新的数据集；同样，数据科学家建立的预测模型也会生成新数据。在许多情况下，这些新数据集将持续生成和更新。数据集需要进行管理，并借由元数据加以定义和支撑，对数据质量的期望需要加以定义，数据访问和使用也需要进行治理。

本章介绍数据生命周期内与数据使用和增强相关的数据活动，包括：

- 主数据的使用
- 商务智能
- 数据科学
- 预测性分析
- 数据可视化
- 数据货币化

主数据的使用

主数据的使用很好地说明了数据使用如何与数据增强直接相关。管理良好的主数据有助于组织更好地理解业务往来和交易中的各个主体（如消费者、客户、供应商、产品等）。

在业务交易过程中，组织会更多地了解这些实体——他们购买什么、销售什么，以及如何以最好的方式实现与他们的接触。这些数据是具体的历史交易数据，但是组织也会为了增强主数据而不断收集其他一些相关数据（如地址的变更、联系信息的更新等）。通过这些交易数据，我们可以获得一些额外的数据属性（如消费者或客户偏好、购买模式等），从而进一步增强和优化主数据。在规划整体数据管理时，不同数据用途间会产生相互的动态影响，我们需要从中进一步增强和优化主数据。这是主数据管理的关注重点。

商务智能

商务智能报表的开发是另一项活动，在此过程中会基于对已有数据结果的使用而产生新的数据。这就要求组织在一定程度上对整个商务智能报表的开发过程进行持续管理。

术语“商务智能”（Business Intelligence，BI）有如下两种含义：

（1）它指的是一种旨在了解组织活动和机会的数据分析工具。当人们谈论数据是竞争优势的关键时，他们其实就是在明确表达商务智能活动的内在本质。如果一个组织对自身数据提出正确请求，就可以洞察其产品、服务和客户，从而能够制定更利于战略目标实现的决策。

（2）它指的是一组支持一些数据分析的技术。商务智能工具能够支持的数据分析包括查询、数据挖掘、统计分析、报表、场景建模、数据可视化和仪表化等。这些工具被应用于广阔的领域，包括从预算到运营报表，从业务绩效指标到更高层次的数据分析。

商务智能是建设数据仓库的主要驱动因素，因为传统的商务智能活动需要使用整合的数据源。商务智能工具必须支持数据探索和数据报表。随着分析师对数据的使用，商务智能得以快速发展。一个成功的商务智能程序必须包括如下可靠的基础流程：

（1）维护和优化 BI 报表中使用的核心数据，并允许整合新数据。

（2）维护和优化 BI 工具。

（3）管理与 BI 报表相关的元数据，以便关联人可以自行理解报表内容。

（4）记录报表中数据的“血缘关系”，以便关联人知道数据的来源。

（5）提供一个数据质量反馈的闭环体系，以便保持报表的可信度，并识别数据增强的可能性。

简而言之，管理商务智能程序生产的数据须遵循数据全生命周期管理的步骤，但需要注意的是商务智能只涉及其中部分步骤。

数据科学

数据科学已经存在了很长时间，它曾被称为应用统计学。但随着大数据采集和存储技术的出现，探索数据模式的能力在 21 世纪得到了迅猛发展。

数据科学将数据挖掘、统计分析和机器学习与数据集成、数据建模相结合，通过探索数据的规律构建预测模型。术语“数据科学”（Data Science）是指开发预测模型的过程。数据分析师（或数据科学家）使用科学的方法（观察、假设、实验、分析和给出结论）来开发和评估分析模型或预测模型。

数据科学家先提出了一个关于行为的假设，认为通过对数据的分析，我们可以预测特定的行为在将来发生的可能性。例如，购买一种类型的物品之后，通常会购买另一种类型的物品（购买房屋后，通常会购买家具）。然后，数据科学家通过对大量历史数据的分析，来确定这种假设成立的概率，并通过统计来验证模型预测的正确性。

如果这种假设在统计上被证明是有效的，并且被预测的行为是有价值的，则该模型可以成为预测未来行为的基础。这种预测甚至可以是实时的，如推荐性销售广告。

在某些方面，数据可以被理解为商务智能的扩展。然而，在其他方面，它使得数据分析和使用到达了一个不同的层面。传统商务智能提供“后视镜”报表，分析结构化数据，以描述过去的趋势。在某些情况下，商务智能模式可以用于预测未来行为，但可信度不一定很高。

直到现在，对大量数据集的深入分析仍一直受到技术的限制。预测模型的分析依赖于抽样或其他抽象的方法。随着收集和分析大型数据集的能力不断提高，数据科学家已经整合了数学、统计学、计算机科学、信号处理、概率建模、模式识别、机器学习、不确定性建模和数据可视化等方法，以获得基于大数据集的预测能力和洞察力。简而言之，数据科学已经找到了从数据中分析和提取知识的新方法。在许多情况下，这种知识可以转化为经济价值。

随着大数据被引入数据仓库和商务智能环境，数据科学技术可以为组织提供一个前瞻性（“挡风玻璃”）的视角。数据科学具有预测功能，是实时的和基于模型的，通过使用不同类型的数据源，组织能够更好地了解其发展方向。

数据科学模型成了数据的来源，需要被监控和挖掘，以加深理解。与其他形式的科学一样，数据科学也创造了新的知识并提出了新的假设。验证这些假设会产生新的模型和新的数据。如果这些模型和数据要随着时间的推移创造价值，那么它们都需要进行管理。模型需要接受“训练”和评估。新数据源可以合并到现有模型中。支撑数据科学的数据与其他数据一样，其生命周期需要作为规划和战略的一部分加以考虑。

预测性分析和规范性分析

许多数据科学都专注于建立预测模型，尽管并非所有建立和使用此类模型的人都是数据科学家。最简单的预测模型是预报。预测性分析以统计学为基础，属于监督机器学习的子领域，是用户通过概率评估来尝试对数据元素进行建模并预测未来结果的工具。

预测性分析（Predictive Analytics）使用一种概率模型，该模型基于与商品购买、价格变化等可能事件相关的历史数据及其他变量进行分析预测。当它收到信息时，会触发组织做出反应。触发因素可以是一个事件，比如一位客户将产品添加至网上购物车；可以是数据流中的一类数据，如新闻推送或使用传感器数据；也可以是忽然增加的服务请求。触发因素还可以是外部的，如关于公司的新闻报道可以作为股票价格变化的预测指标。预测股票走势应该进行新闻监测，以及判断公司的哪些新闻对股票价格产生有利或不利影响。

通常，事件的触发往往是大量的实时数据不断累积的结果，如突然增加的高频交易、服务请求、环境波动。监测一个数据事件流，主要包括在模型中不断增加数据输入，直至达到激活触发的阈值为止的整个过程。

预测模型在提出预测假设到预测事件之间的时间通常非常短（以秒计算或者更短的时间）。投资实时性的低延迟的技术解决方案，如内存数据库、高速网络，甚至物理上接近数据源，均可以优化组织对预测做出反应的能力。

规范性分析（Prescriptive Analytics）比预测性分析在定义影响结果的行为上更进一步，因为它不仅仅预测已发生行为的后果。规范性分析预测将会发生什么、何时会发生，并揭示发生的原因。由于规范性分析可以显示各种决策可能带来的影响，因此可以对如何利用机会或规避风险给出建议。规范性分析可以不间断地接收新数据，以重新进行预测和分析。这一过程可以提高预测的准确性，并形成更好的预测方式。

表 8-1 总结了传统商务智能和数据科学之间的关系，以及商务智能、预测性分析和规范性分析的特点。

表 8-1 传统商务智能和数据科学分析过程

数据仓库/传统商务智能	数据科学/预测性分析	数据科学/规范性分析
方法特点		
后见之失	洞悉之力	先见之明
分析基础		
基于历史： 发生了什么？ 为什么发生？	基于预测模型： 将要发生什么？	基于场景： 我们要做些什么促使事件发生？
结论特点		
描述性的	预言性的	指定的

数据可视化

可视化是通过使用图片或图形表示来解释概念、想法和事实的过程。数据可视化是通过将基础数据以图表和图形等可视化形式展现，加深对它的理解程度。数据可视化会压缩（Condense）和封装（Encapsulate）特征数据，使其更易于查看。这样做可以发现机会、识别风险或突出信息重点。

长期以来，可视化一直是数据分析的关键。传统的商务智能工具包括很多可视化控件，如表格、饼图、折线图、面积图、条形图、直方图和“交钥匙箱”图（Turnkey Boxes，又叫烛台图表，Candlesticks）。

图 8-1 是一张控制图，描述了一个数据可视化的经典案例。人们从图中能够快速了解数据是如何随着时间推移而发生变化的。根据该图显示的内容，分析师可能会仔细研究细节。

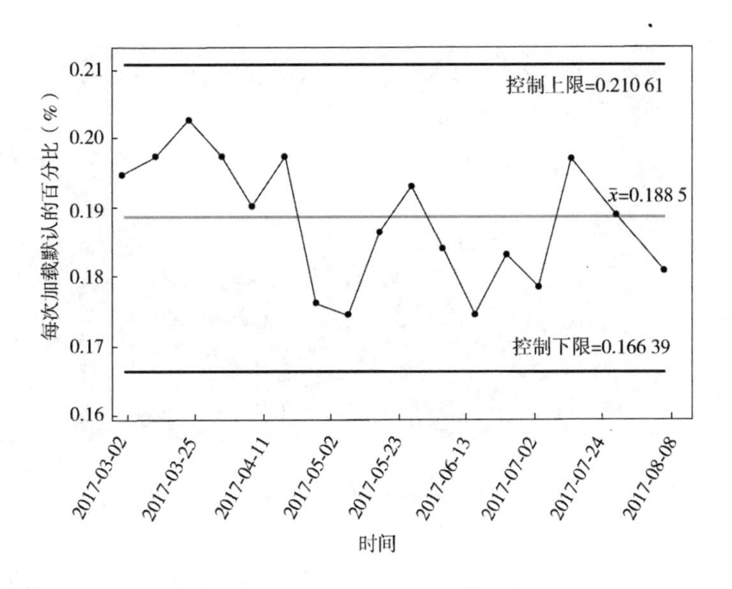

图 8-1　稳定过程的数据可视化经典控制图案例

（资料来源：*DAMA-DMBOK2*，第 489 页）

图 8-2 描述了一个数据可视化的简单示例：一份由加拿大艾伯塔省公用事业公司 ENMAX 向其消费者提供的“家庭能源报表”。相比类似住宅和那些节能的住宅，该信息图有助于消费者了解其家庭的能源使用情况。虽然该报表并未言及对节约能源的建议，但它有助于消费者看到问题，并设定适当的节能目标。

这些简单示例中的原则在数据科学应用中得到了显著扩展。数据可视化对于数据科学至关重要，因为它对于数据解释而言是不可或缺的。如果不借助数据演示，那么对一个大型数据集的模式识别是极其困难的。当在一张图表中可视化展示数千个数据点时，数据模式就可以快速被识别出来。

数据可视化能够以静态格式呈现，如已发布的报表或更具有交互性的

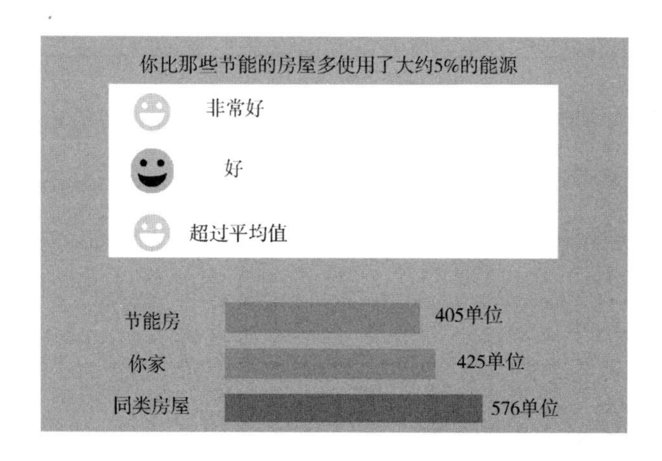

图 8-2　一位 ENMAX 消费者的家庭能源报表

在线格式。一些可视化技术使得分析员能够通过筛选展示不同的数据层，或者能够查询底层数据。其他技术则允许依据用户需求动态展示可视化场景，如数据地图或随着时间推移进行变换的数据场景。

为了满足日益增长的数据解读需求，可视化工具的数量不断增加，技术也得到了改进。随着数据分析的成熟，以新的方式可视化数据将具有显著的战略优势。观察数据中的新模式可能会带来新的商机。随着数据可视化的不断发展，组织必须发展其商务智能团队，以便在数据驱动日益重要的世界展开竞争。考虑到可视化可能产生误导的相关风险，除了传统的信息架构师和数据建模人员，业务分析部门也需寻找掌握可视化技术的数据专家（包括数据科学家、数据艺术家和数据视觉专家）。

实施数据科学方法的一个关键成功因素是将适当的可视化工具与相应的用户群匹配起来。由于组织的规模和性质不同，各种流程中可能会用到许多不同的可视化工具。这需要确保用户理解可视化工具的相对复杂性。资深用户对可视化工具的要求肯定会比较高。这就需要企业架构、项目组合管理和维护团队之间的协调，从而来管理组织内部和跨项目的可视化工具。需要注意的是，数据供应商或者软件选择标准的变化可能会影响后期可视化工具各项功能的使用，从而影响可视化工具的有效性。

最佳做法是建立一个社区，定义和发布可视化标准和指南，并在指定的交付方法中审核可视化工具的效果，这对于面向客户和监管的内容来说尤为重要。

与数据的其他用途一样，以其本身可视化形式显示，通过数据组合的方法，数据可视化可创造新数据集。正如各位读者所猜到的那样，这些数据也需要被管理。

数据货币化

任何从事数据科学或其他形式分析的组织都可能获得有关其自身客户、产品、服务和流程的宝贵见解。高级分析也可以产生对外部实体的了解。这样的组织也可能开发、利于其他人的技术。如果可以打包和销售这些知识和技术，那么组织不仅会将数据视为资产，更会将其看作产品。在某些领域，直接将数据货币化被视为管理数据的“圣杯”（Holy Grail）。一些公司（如邓白氏、谷歌、亚马逊）已经开展了数据货币化的业务。但是，销售数据和信息并不是从数据资产中获取价值的唯一途径。

在《货币化数据管理》（*Monetizing Data Management*）一书中，作者彼得·艾肯（Peter Aiken）和胡安尼塔·比林斯（Juanita Billings）指出，很少有组织会去发掘它们可能从数据中获得的战略优势。数据是“一个组织唯一不会被耗尽、不会贬值，还能持久的战略资产”。他们认为，从数据中获取更多价值的首要手段是提升数据管理的能力。将货币价值附加到有效的数据管理实践中的组织，将能够生产更高质量的数据，并做成更多事。

彼得·艾肯和胡安尼塔·比林斯断言，良好的数据管理实践也是数据创新成功的基础。反之，糟糕的数据管理行为会花费资金，并给新计划和现有流程带来风险。他们给出的案例记录了糟糕的数据管理实践可能通过冗余工作，以及随之而来的更多冗余数据、元数据的质量下降或缺失、流程混乱和错误信息，而直接造成浪费。他们还提供了从比较严格的数据管理中获得益处的实践案例。例如，清晰可执行的元数据管理实践可以增加组织的知识并使知识得到转移。

道格拉斯·兰尼（Douglas Laney）的《信息经济学》（*Infonomics*）是一本关于将信息作为资产管理的综合研究著作，它提供了大量案例研究，展示了组织如何利用其信息资产创造价值。虽然行业、活动和产品不同，但从数据中获取经济价值可归结为两种基本方法：

（1）交换信息，以获得商品、服务或现金。

（2）使用信息，以增加收入、减少开支或管控风险。

道格拉斯·兰尼介绍了12种用于数据货币化的业务驱动因素，其中组织获得价值的首要方法之一是，通过更有效地使用数据，来留住现有客户，进入新市场并创造新产品。但道格拉斯·兰尼的研究显然不止这些。例如，更好的数据可以使公司降低维护成本，获得更好的协商条款和条件，检测欺诈和浪费现象，或者降低管理数据的成本，从而提高组织效率。

除有能力执行的组织外，许多组织在获取数据价值的问题上几乎没有付诸任何实践。正如彼得·艾肯、胡安尼塔·比林斯和道格拉斯·兰尼的案例研究所显示的，以及其他研究证实的那样，对于一些组织来说，低质量的数据是一项重大负债。然而，一些组织已经能够通过运营改进和直接货币化来实现突破。案例研究表明，数据的创新使用需要依赖可靠的数据管理。虽然并非每个组织都希望出售其数据，但所有组织都希望基于数据做出决策，从而对决策充满信心。所以，这方面的第一步是妥善管理数据。

你需要知道什么

（1）当我们在使用数据时还会产生新的数据，这些新数据也需要在整个生命周期内进行管理。但在进行分析时，我们经常忽略了基于生命周期的管理要求。

（2）这些新数据通常是组织可以拥有的最有价值的数据，因为它们是洞察力的来源。

（3）由于技术和方法不断发展，产生的新数据可能会影响数据管理要求达成的方式。

（4）虽然新技术提供了数据处理的新方法，但它们也与以往的数据和传统技术并存，并相互作用。

（5）许多组织寻求通过数据货币化的方法从其数据中获取价值。为了达成这一目标，较为符合逻辑的出发点是改进数据管理实践。数据管理工作既可以提高效率，也可以为直接货币化创造最佳条件。

第9章 数据保护、隐私、安全和风险管理

数据全生命周期的管理实践需要基于一系列实现数据持续使用和优化的基础流程。这包括保护数据免受非授权用户的使用、管理元数据（理解和使用数据所需的知识），以及管理数据质量。如前所述，这些基础活动必须作为规划和设计的一部分加以考虑，并且必须在操作层面进行。这些活动也是成功的治理结构所必需的，并以其为支撑。

本章讨论数据保护和数据安全。数据安全包括安全政策和安全程序的规划、开发和执行，以提供对数据和信息资产的身份验证、授权、访问和审核。

数据安全目标

数据安全的具体细节（如哪些数据需要被保护）因国家和行业而异。但数据安全实践的目标是一致的：保护信息资产，以符合隐私和保密规定、合同协议和业务要求。这些要求来自：

（1）**利益相关者**。组织必须意识到其利益相关者的隐私和保密需求，包括客户、学生、公民、供应商或商务合作伙伴。组织中的每个人都必须是利益相关者数据的负责任的受托人。

（2）**政策法规**。政策法规是为了保护一些利益相关者的权益。不同的法规有不同的目的。一些法规是为了限制信息获取，另一些法规则是为了确保信息的开放性、透明度和可靠性。各国的法规皆有不同，这意味着进行国际交易的组织需要意识到并能够达到业务开展国的数据保护要求。

（3）**商业机构**。每个组织都有需要保护的专有数据。一个组织的数据提供了关于其客户群的深层信息。并且，当数据得到有效利用时，可以形成竞争优势。如果保密数据被盗或被破坏，组织就可能失去竞争优势。

（4）**合法访问需求**。在保护数据时，组织还必须启用合法访问权限。业务流程要求具有特定职能的人才能访问、使用和维护数据。

（5）**合同义务**。合同和不可披露协议（Non-disclosure Agreement）也会影响数据安全要求。例如，支付卡行业（Payment Card Industry，PCI）标准是信用卡公司和个体企业之间的一种协议，要求以特定的方式保护某些类型的数据（比如对客户密码的强制加密）。

有效的数据安全政策和程序使得合适的人员以正确的方式使用和更新数据，并限制所有不适当的访问和更新，如图 9-1 所示。

了解并遵从所有利益相关者的隐私和保密需求，符合每个组织的最佳利益。客户、供应商及其他相关方都依赖于可信任并负责任的数据使用。

数据安全活动的目标包括：

（1）对企业数据资产启用适当的访问权限并阻止不当访问。

（2）遵守有关隐私、数据保护和保密性的政策法规。

（3）确保满足利益相关者对隐私和保密性的要求。

图 9-1　数据安全需求来源

（资料来源：*DAMA-DMBOK*，第 218 页）

数据安全原则

因为数据安全的具体要求可能随时间或地点发生变化，所以数据安全实践应遵循相关指导原则，具体包括：

（1）**协作**。数据安全涉及信息技术（IT）安全管理人员、数据管理/数据治理人员、组织内部和外部的审核团队，以及法律部门的相互协作。

（2）**基于企业整体的角度**。数据的安全标准和规章制度必须在企业整体层面得到一致而全面的贯彻。

（3）**主动管理**。数据安全管理的成功取决于积极主动的态度，需要所有利益相关者一起参与、管理变革，并克服组织或文化瓶颈。例如，传统意义上的职责分离把信息安全、信息技术、数据管理和业务人员相隔离，这就是瓶颈。

（4）**明确责任**。必须明确角色设定和职责含义，包括跨部门的数据“监管链”（Chain of Custody）。

（5）**元数据驱动**。数据元素的安全性分类是数据定义的重要组成部分。

（6）**通过减少披露来降低风险**。最大限度地减少敏感/保密数据的扩散，尤其是向非生产环境扩散。

降低风险和业务增长是数据安全活动的主要驱动因素。确保组织数据安全，可以降低风险并增加竞争优势。数据安全活动本身也是一项宝贵的资产。数据保护同时也受到道德的约束（参见第4章）。

数据安全风险与企业声誉、合规性、企业和股东的信托责任，以及保护员工、商业伙伴、客户隐私和敏感信息的法律和道德责任息息相关。数据违规可能会导致声誉受损和客户信心丧失。组织可能因未能遵守相关法规和合同义务而受到处罚。数据安全问题、违规操作和对员工数据访问的不合理限制都可能直接影响企业的发展。

业务增长包括实现和维护运营目标。在全球范围内，电子技术在办公室、市场和家庭中都得到了广泛应用。计算机、智能手机和其他设备的应用是大多数商业领域和政府运营的重要要素。电子商务的爆炸式增长改变了组织提供商品和服务的方式。在生活中，人们已经习惯了通过线上与商品供应商、医疗机构、公共实体、政府机构和金融机构开展业务。值得信赖的电子商务推动了利润增长和行业发展。电子商务平台本身及其服务质量与信息安全直接相关：强大的信息安全措施使得线上交易成为可能，并建立了客户信心。

如果将降低风险和发展业务整合到一致的信息管理及保护战略中，那么两者的目标将会是相辅相成的。

数据安全与企业数据管理

随着数据法规的增加——主要是针对数据窃取和违规方面法规的设立，合规性方面也会加强。组织安全的任务通常不仅是管理 IT 技术安全要求，还要涵盖整个组织的安全策略、实践、数据分类和访问权限规则等。

数据安全与数据管理类似，相关方面关联紧密，最好将数据安全作为一项企业解决方案，并在数据生命周期的全过程中加以应用，如图 9-2 所示。如果没有努力与业务部门协调一致，那么组织将不得不寻求不同的解决方案，以满足安全需求，这样会使得总体成本增加；同时，因应用不同的安全方案而存在降低数据安全性的潜在风险。无效的安全架构或流程可能会因组织违规或出现数据安全问题而影响生产力，使得组织为之付出代价。因此，有足够的资金支持，面向系统、企业内保持方案一致，建立运行中的安全战略，都将降低这些风险。

在数据和信息安全实施过程中，首先要评估组织当前的数据状态，确定需要保护的数据范围。该过程包括以下步骤：

（1）**识别和分类敏感数据资产**。根据行业和组织的不同，它们可能会有很少或很多的数据资产，而敏感数据范围涵盖身份识别、医疗和财务信息等方面。

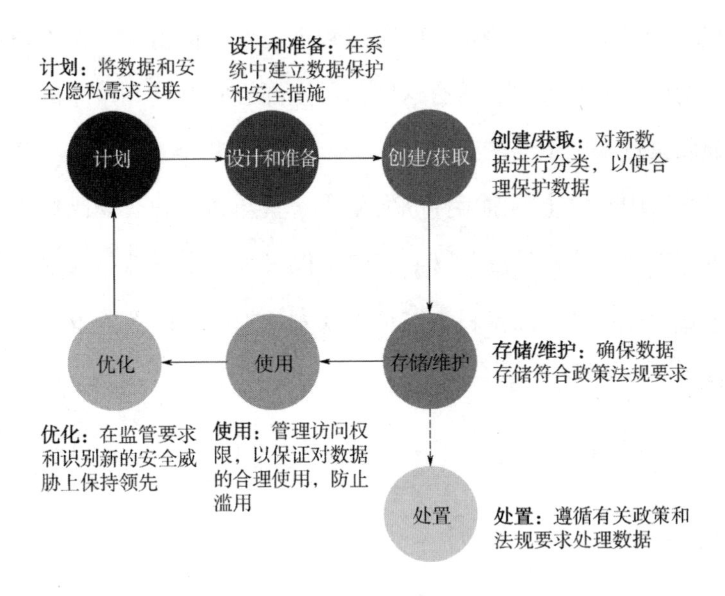

图 9-2　数据安全和数据生命周期

（资料来源：改编自 *DAMA-DMBOK2* 第 29 页）

（2）**定位整个企业的敏感数据**。安全要求可能会有所不同，这取决于数据的存储位置。如果敏感信息集中存储在一个地方，那么很有可能会由于单点违规导致所有数据泄露，形成较高风险。

（3）**确定各项资产的保护方式**。根据数据内容和技术类型，保证资产安全所需的措施因资产不同而不同。

（4）**确认信息与业务流程的交互方式**。需要对业务流程进行分析，以确定在何种条件下允许哪些人访问数据。

除了对数据本身进行分类，还需要评估外部威胁，如来自黑客和犯罪分子的威胁，以及员工和流程带来的内部风险。大量数据的丢失和泄露都是由员工的无知导致的。员工的无知表现在，没有意识到信息是高度敏感的，或是违反安全规章的。残留在网络服务器上的客户销售数据被黑客攻击，下载至项目承包商计算机上的员工数据被盗，保留在执行人员计算机中未加密的商业秘密丢失，所有这些都可能源于安全控制策略的缺失，或者缺乏强制执行安全策略的措施。

近年来，由于安全漏洞事件的发生，一些知名品牌公司已经遭遇了巨大的财务损失和客户信任度下降。威胁不仅仅来自于外部日益复杂和有针对性的黑客犯罪社区，还来自于有意识或无意识的、内部的或外部的威胁带来的损害。

元数据安全

管理敏感数据的一种方法是使用元数据。安全等级和监管敏感性可以通过数据元素含义和数据集等级获得。标记数据技术的存在使得元数据可以随着信息流在企业中流转。开发一个用于存储数据特征的企业级知识库，可以为企业的所有部门准确地了解敏感信息要求的保护级别提供全局支撑。

如果实施通用标准，则此方法允许多个部门、业务单元和供应商使用相同的元数据。基于安全标准的元数据有助于优化数据保护，指导业务使用数据和技术支持流程，从而降低成本。此类信息安全措施可以帮助防止未经授权的访问和数据资产滥用。

当敏感数据真正意义上被正确识别时，组织与其客户和合作伙伴更容易建立信任关系。与安全相关的元数据本身就是一种战略资产，它不仅提高了交易、报表和业务分析的质量，也降低了数据保护成本，以及信息丢失或被盗所造成的风险。

数据分类是数据安全管理的先决条件。如下两方面的概念决定了安全限制：

（1）**保密级别**。保密是指保守秘密或者私密信息。组织决定哪些类型的数据不应被泄露到组织外部或组织内部的其他部门。保密信息仅在“需要知道”的基础上共享。保密级别取决于谁需要了解哪种类型的信息。

（2）**监管类别**。监管类别由外部规则指定，如法律、条约、海关协议和行业法规。法规信息以“允许知晓”的方式共享。数据共享方式受法规细节的约束。

保密和监管限制之间的主要区别在于限制来源：保密性限制源自内部，而监管限制是由外部定义的。

两者之间的另一个区别是，任何数据集只能具有一个保密级别，如文档或数据库视图，这个级别是基于数据集中最敏感（最高机密）的项目确定的；而监管分类是可以累积的。单个数据集可能包含基于多个监管类别限制的数据。为确保合规性，所有操作都要保证符合各类监管类别要求，并与保密级别要求保持一致。

当应用于用户权限（用户授权提供的对特定数据集合的访问权限）时，必须遵循所有的保护策略，无论它们是源于内部还是外部。

数据安全架构

企业架构定义了企业构成和信息资产，以及它们之间的相关关系，还有关于革新、规章和指南的业务规则。数据安全架构是企业架构的组成部分，描述了如何在企业内实现数据安全，以满足业务规则和外部法规的要求。数据安全架构将影响如下内容：

（1）数据安全管理工具。

（2）数据加密标准和机制。

（3）外部供应商和承包商访问指南。

（4）互联网上的数据传输协议。

（5）文件要求。

（6）远程访问标准。

（7）安全漏洞事件报告程序。

安全架构对于以下各项之间的数据整合尤为重要：

（1）内部系统和业务部门。

（2）组织及外部商业伙伴。

（3）组织和监管机构。

例如，与传统电子数据交换（Electronic Data Interchange，EDI）集成架构相比，内外各方之间面向服务的集成机制所形成的架构模式，将会调用一个与之不同的数据安全实施方案。

对于大型企业而言，这些准则之间的正式联系对于保护信息免遭滥用、盗窃、泄露和丢失至关重要。每一方都必须了解与其他方有关的要素，以便他们能够表述一致，并朝着共同的目标努力。

数据安全规划

数据安全规划包括流程规划及数据分类和架构规划。它不仅包括系统安全，还包括设施、设备和凭证的安全。良好的安全规划实施是以明确的安全需求为出发点的。这些安全规划要求主要基于特定行业和地区的法律和规则。重要的是，要确保组织能够满足其相关方可能的规则要求，如欧盟的隐私要求比美国更严格。

安全规划要求还将基于与组织自身系统环境相关的风险。

安全规划要求应当被写入企业正式规章，并由明确的标准作为支撑，比如分类级别等。随着规划要求的演变，规章和标准都需要维护。工作人员需要持续得到培训，并且数据访问和系统使用需要受到监控，以保证合规性。

企业的文化对如何开展数据安全保护工作有着深刻的影响。组织通常宁愿最终应对危机，也不愿积极执行问责制和确保提前进行数据审核。虽然完美的数据安全几乎是不可能的，但是相对而言，避免出现数据安全漏洞的最佳方法是树立安全意识、理解安全要求、遵守安全策略、执行安全程序。组织可以通过以下方式提高合规性：

(1) **培训**。通过对各级组织的安全培训来促进安全标准的推广。为了获得更好的培训效果，需要落实评价机制，如提高员工安全意识的在线测试。此类培训和测试应当是强制性的，应纳入员工绩效考核。

(2) **整体一致的策略**。为部门和项目组制定数据安全规章及与之相应的监管策略，并与企业规章相辅相成。应用“本地执行”（Act Local）的思维模式调动人们的积极性。

(3) **评估数据安全的好处**。将数据安全优势与组织能动性联系起来。组织应在其平衡计分卡和项目评估中包含数据安全的客观指标。

(4) **为供应商设定安全要求**。在服务等级协议（Service-Level Agreement，SLA）和外包合同义务中包含数据安全要求。服务等级协议必须包括所有数据保护操作活动。

（5）**树立紧迫意识**。强调法律、合同和监管要求，以树立紧迫意识，并建立数据安全管理的内部框架。

（6）**持续的沟通**。开展持续的员工数据安全培训项目，以便指导员工掌握计算机的安全操作方法和当前威胁。持续的沟通表明，计算机安全对于管理者来说足够重要，需要给予支持。

你需要知道什么

（1）数据安全管理是数据管理成功的基础。正确的数据保护是达到利益相关者期望所必要的，并且对于企业来说也是正确的事情。

（2）基于数据管理最佳方法管理的数据也更易于保护，因为它可以对数据进行高可靠的分类和标记。

（3）相关数据安全的活动包括从企业整体层面来规划数据安全、建立可靠的安全架构，以及管理与安全相关的元数据。

（4）保护数据的必要性要求供应商和合作伙伴也确保其数据安全。

（5）强大的、可被证明的数据安全实践可以成为差异化因素，因为这些实践有助于建立信任关系。

第10章　元数据管理

在本书中，我们已经提到了元数据（Metadata）的使用和管理。数据管理的原则之一就是，元数据对于数据管理不可或缺。换句话说，你需要用数据来管理数据。元数据描述了你所拥有的数据。如果你不知道自己拥有哪些数据，则无法对其进行管理。元数据管理是整个数据生命周期中需要做的基础性工作。我们也需要对元数据的生命周期进行管理。

最常见的元数据定义是“关于数据的数据”，这种定义非常简单。不幸的是，因为许多类型的信息都可以被归类为元数据，而且“数据”和“元数据”之间没有明确的界线，所以这种定义对一些人来说，是造成元数据概念混淆的根源。与其试图在数据和元数据之间画一条线，不如说明如何使用元数据及它为什么如此重要。

要理解元数据在数据管理中的重要作用，可以想象一下，在一个大型图书馆里，存放着成千上万本书籍和杂志，却没有卡片目录。如果没有卡片目录，读者可能甚至不知道如何开始寻找特定的书籍或主题。卡片目录不仅提供了必要的信息（图书馆拥有哪些书籍和资料，以及它们放在哪里），还允许读者从不同的起点（主题区域、作者或标题）出发查找资料。如果没有卡片目录，要找到一本特定的书，不能说不可能，但肯定是很困难的。没有元数据的组织就像没有卡片目录的图书馆。

类似其他数据，元数据也需要进行管理。随着组织收集和存储数据的能力的增强，元数据在数据管理中的作用也变得越来越重要。但是，元数据管理本身并不是目的；它是组织从其数据中获得更多价值的一种手段。要达到数据驱动，组织必须先是由元数据驱动的。

元数据及其价值

在数据管理中，元数据包括与技术和业务流程、数据规则和约束，以及逻辑和物理数据结构相关的信息。它描述数据本身（如数据库、数据元素、数据模型）、数据所代表的概念（如业务流程、应用系统、软件代码、技术基础设施），以及数据和概念之间的连接（关系）。元数据帮助组织理解其数据、系统和工作流。它支持数据质量评估，并且对数据库和其他应用程序的管理是不可或缺的。它有助于处理、维护、集成、保护、审计和管理其他数据。

没有元数据就不能管理数据。此外，也必须对元数据自身进行管理。可靠的、管理良好的元数据可以带来如下益处：

（1）通过提供上下文、支持对相同概念的一致性及数据质量的度量，提升数据的可信度。

（2）通过多种数据用途来增加战略信息（如主数据）的价值。

（3）通过识别冗余数据和流程提高运营效率。

（4）防止使用过期或不正确的数据。

（5）保护敏感信息。

（6）减少查找所需数据的时间。

（7）加强数据使用者和信息技术（IT）专业人员之间的沟通。

（8）创建准确的影响分析，从而降低项目失败的风险。

（9）通过缩短系统开发生命周期时间来缩短产品上市时间。

（10）通过全面记录数据背景、历史和来源，降低培训成本并降低员工流动所造成的影响。

（11）支持合规性。

如果数据具有高质量特征，组织就会从其数据资产中获得更多的价值。数据质量取决于数据治理。元数据解释了使组织能够正常运行的数据和流程，因此它对于数据治理至关重要。如果元数据是组织中的数据指南，那么就必须对它进行良好的管理。管理不善的元数据会导致：

（1）冗余的数据及冗余的数据管理流程。

（2）重复和冗余的数据字典、存储库和其他元数据存储。

（3）不一致的数据元素的定义及数据误用带来的风险。

（4）元数据来源与版本的矛盾和冲突会降低数据使用者的信心。

（5）元数据和数据的可靠性受到质疑。

良好的元数据管理实践可以使我们对数据资源的理解达成一致，并能更有效地实现跨组织之间的协作。

元数据的类别

元数据通常分为三类：业务元数据（Business）、技术元数据（Technical）和操作元数据（Operational）。

业务元数据主要关注数据的内容和状态，以及与数据治理相关的细节。业务元数据包括概念、主题域、实体和属性等非技术性的名称和定义；属性类型和其他属性特征；范围的描述；计算规则；算法和业务规则；有效的域值及其定义。业务元数据的例子包括：

（1）数据模型、数据集的定义和描述、表和列。

（2）业务规则、数据质量规则、转换规则、计算和派生数据。

（3）数据来源和数据继承。

（4）数据标准和约束。

（5）安全/隐私级别的数据。

（6）数据中存在的已知问题。

（7）数据的备注或说明。

技术元数据提供关于数据的技术细节、存储数据的系统，以及在系统内部和系统之间迁移数据的过程信息。技术元数据的例子包括：

（1）物理数据库表、列名和属性。

（2）数据访问权限、组、角色。

（3）数据 CRUD（创建、替换、更新和删除）规则。

（4）数据 ETL（抽取、转换和加载）任务细节。

（5）数据继承文档，包括在上游和下游更改影响信息。

（6）内容更新周期、作业进度和依赖项。

操作元数据描述处理和访问数据的详细信息。例如：

（1）批处理程序的作业执行日志。

（2）审计结果、平衡、控制测量和错误日志。

（3）报告和查询访问模式、频率和执行时间。

（4）补丁和版本维护计划及执行，当前补丁级别。

（5）备份、保留、创建日期、灾难恢复的相关规定。

这些类别有助于人们理解元数据之下的信息范围，以及产生的元数据功能。然而，这些类别也可能导致混淆。人们可能会陷入这样的问题：一组元数据属于哪个类别，或者谁应该使用它。关于元数据的类别，应该从元数据来源的角度去考虑，而不是从元数据使用方式的角度去考虑。在使用方面，元数据类型之间的区别并不严格。技术人员和操作人员都可以使用“业务”元数据，反之亦然。

元数据是数据

虽然元数据可以通过它的使用和类别来理解，但重要的是要记住元数据是数据。与其他数据一样，它也有一个生命周期，如图 10-1 所示。我们必须对它的生命周期进行管理。

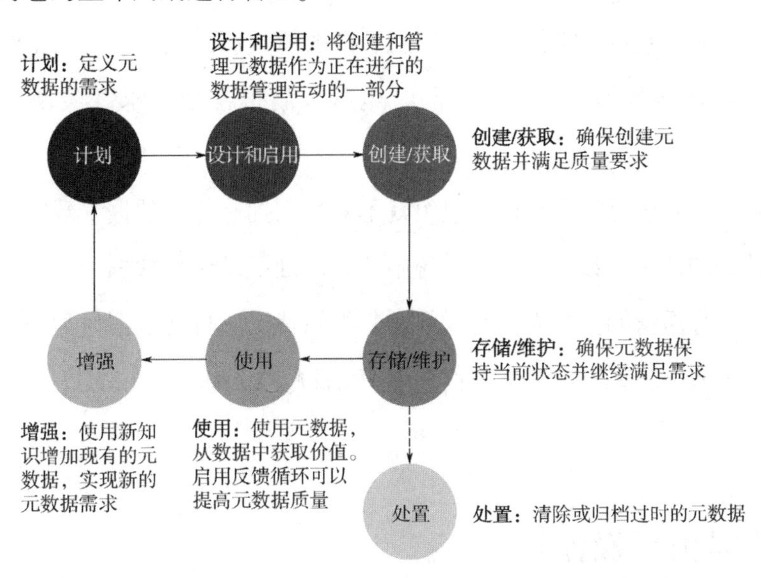

图 10-1　元数据生命周期

（资料来源：改编自 *DAMA-DMBOK2*，第 29 页）

组织应针对所需要的元数据制订计划，设计出一个创建和维护高质量的元数据的流程，并在学习数据的同时扩充元数据。

元数据和数据管理

元数据对于数据管理和数据使用都是必不可少的。所有大型组织都生产和使用大量数据。在整个组织中，不同人拥有不同层次的数据知识，但是没有一个人会拥有所有数据信息。这些信息必须被记录下来，否则组织可能会失去有价值的信息。元数据提供了获取和管理组织的数据信息的主要手段。

元数据管理不仅是知识管理的挑战，也是风险管理的必然要求。元数据是必需的，它可以确保组织识别私有或敏感数据，以及能够为组织基于自身利益管理数据生命周期，同时也可以满足合规需求并实现风险最小化。

如果没有可靠的元数据，组织就不知道它拥有什么数据、数据代表什么、数据的来源、数据如何在系统中迁移、谁可以访问数据，或者什么样的数据是高质量的。如果没有元数据，组织就无法将其数据作为资产进行管理。事实上，如果没有元数据，组织可能根本无法管理它的数据。

元数据和互操作性

随着技术的发展，生成数据的速度也在加快。技术元数据已经成为数据迁移和集成方式的绝对组成部分。国际标准化组织（ISO）的元数据注册标准（Metadata Registry Standard）ISO/IEC 11179旨在基于数据的精确定义，在异构环境中支持由元数据驱动的数据交换。元数据通过XML（可扩展标记语言）和其他格式使得数据可以被使用。其他类型的元数据标记也使得数据在被交换的同时保留所有权、维护数据安全等。

元数据策略

如前所述，可以用作元数据的信息类型范围很广。元数据是在企业的各个方面创建的。将元数据组合在一起，以便人员和流程可以使用它，是一个挑战。

元数据策略描述组织打算如何管理其元数据，以及如何从当前状态移动到未来的状态。元数据策略应该为开发团队提供改进元数据管理的框架。开发元数据需求将有助于澄清策略的驱动因素，并识别实施策略的潜在障碍。

元数据策略包括定义组织未来状态下的企业元数据内容和体系结构，以及满足战略目标所需的实现阶段。

步骤包括：

（1）**启动元数据策略计划**。启动计划的目标是使元数据策略团队能够定义其短期和长期目标。规划包括起草一份与总体治理工作一致的宪章、范围和目标文件，并制订一个沟通计划来支持这项工作。关键的利益相关者应该参与规划工作。

（2）**进行关键利益相关者访谈**。对商业和技术利益相关者的访谈为元数据战略提供了基础知识。

（3）**评估现有的元数据来源和信息体系结构**。评估、确定在访谈和文档评审中需要解决的元数据和系统问题的难度级别。在此阶段，对关键 IT 人员进行详细的访谈，并审查系统架构、数据模型等文档。

（4）**开发未来的元数据架构**。细化和确认未来的远景，并提出这个阶段所管理的元数据的长期目标架构。这一阶段必须考虑组织战略，如组织与数据治理和管理的一致性、管理的元数据架构、元数据交付体系架构、技术体系架构和安全体系架构。

（5）**制订阶段性实施计划**。验证、整合和优先考虑访谈和数据分析的结果。记录元数据策略，并确定分阶段实施方式，以从现有的元数据环境转移到未来管理元数据的环境。

随着对元数据需求、体系架构和元数据生命周期的深入理解，策略将随着时间的推移而发展。

理解元数据的需求

元数据的需求从内容开始：需要什么元数据和什么级别的元数据。例如，需要取得列和表的物理和逻辑名称。元数据内容是广泛的，并且需求来自于业务和技术数据的消费者。

许多和功能相关的需求与综合的元数据解决方案相关，如下：

（1）元数据属性和集合的更新频率。

（2）数据更新时效性。

（3）是否需要保留元数据的历史版本。

（4）谁可以访问元数据。

（5）用户访问方式（用于访问的特定用户界面功能）。

（6）元数据如何建模存储。

（7）不同来源的元数据集成程度；规则的集成。

（8）更新元数据的过程和规则（日志记录和提交审批）。

（9）元数据管理的角色和职责。

（10）元数据质量要求。

（11）元数据的安全性。由于元数据会显示受到高度保护的数据的存在，所以一些元数据不能公开。

元数据架构

与其他形式的数据一样，元数据也有生命周期。虽然构建元数据解决方案的方法不同，但从概念上讲，所有元数据管理解决方案都包括与元数据生命周期中的点对应的体系结构层：

（1）元数据创建与采购。

（2）元数据被存储在一个或多个存储库中。

（3）元数据集成。

（4）元数据交付。

（5）元数据访问和使用。

（6）元数据的控制和管理。

元数据管理系统必须能够组合来自许多不同源的元数据。系统将根据集成的程度和集成系统在元数据维护中的作用而有所不同。

一个已经具有元数据管理的环境应该将最终用户与各种不同的元数据

源隔离开来。元数据构架应该为所需的元数据提供一个单一的访问点。元数据构架的设计取决于组织的特定需求。构建通用元数据存储库的3种技术构架方法和数据仓库的设计方法相差不多：

（1）**集中式**。集中的元数据构架由一个元数据存储库组成，该存储库包含来自不同源的元数据的副本。拥有有限IT资源的组织，或者那些寻求尽可能自动化的组织，一般不会选择这种架构。在公共元数据存储库中寻求高度一致性的组织，可以从集中式元数据构架中获益。

（2）**分布式**。一个完全分布式的元数据构架只有单个接入点。元数据检索引擎通过检索源数据来实时响应用户请求；没有现成的元数据的永久存储库。在这个体系构架中，元数据管理环境用以维护必要的源系统目录和查找信息，以有效地处理用户查询和搜索。源系统可以通过公共对象请求代理或者类似的中间件协议软件来访问。

（3）**混合式**。混合架构结合集中式和分布式体系结构的特性。元数据仍然直接从源系统中抽取并进入集中式存储库。然而，存储库设计只考虑用户添加的元数据、关键标准化项目和手动添加的元数据。

逐步实现元数据环境管理，可以将风险降至最低并利于接受。在设计中，存储库内容应该是通用的。它不应该仅仅反映源系统数据库设计。主题领域专家应该帮助企业创建一个与内容相关的综合的元数据模型。计划应该考虑整合元数据，以便数据使用者可以跨数据源查看元数据。这将是存储库最有价值的功能之一。它应该包含元数据的当前版本、计划版本和历史版本。通常，第一个实现的版本都被作为了解元数据概念和学习管理元数据环境的试点。

元数据质量

在管理元数据的质量时，我们需要认识到许多元数据是通过现有的过程产生的。例如，数据建模过程生成表和列的定义，以及创建数据模型所必需的其他元数据。为了获得高质量的元数据，元数据应该被视为这些过程的交付物，而不是副产品。

同样，元数据遵循数据生命周期。可靠的元数据从计划开始，随着使用、维护和增强而增加价值。元数据源，如数据模型、源到目标的映射文档、ETL（抽取、转换和加载）日志等应该被视为数据源。它们应该将过程和控件放在适当的位置，以确保生产出可靠、可用的数据产品。

所有的过程、系统和数据都需要某种程度的元信息，即对它们的组成部分及工作方式进行描述。最好计划如何创建或收集这些信息。此外，随着过程、系统或数据的使用，元信息会不断积累和变化，需要不断地进行维护和加强。元数据的使用常常带来对附加元数据的识别要求。例如，销售人员使用来自两个不同系统的客户数据，可能需要知道数据起源于哪里，以便更好地了解客户。

通过元数据管理的几个一般原则，我们可以看到基于质量要求管理元数据的方法：

（1）**可靠性**。认识到元数据通常是通过现有流程（数据建模、SDLC、业务流程定义）生成的，并让流程所有者对元数据的质量负责（在初始创建和维护中）。

（2）**标准**。对元数据标准进行设置、执行和审核，以简化元数据集成的复杂度，并使元数据具有可用性。

(3) **改进**。创建反馈机制，以便消费者可以向元数据管理团队报告不正确或过时的元数据。

与其他数据一样，为了提高质量，元数据也可以进行归类和检查。对它的维护应该作为项目工作的可审计部分来安排或完成。

元数据治理

从没有元数据管理的环境迁移到已经拥有良好元数据管理的环境，需要做许多工作并遵守原则。即使大多数人认识到了可靠元数据的价值，但这也并不容易。组织准备是一个主要问题，管理和控制的方法也是如此。全面的元数据方法要求业务和技术人员能够以跨职能的方式紧密合作。

在许多组织中，元数据管理是一项优先级较低的工作。元数据的基本整合需要组织内部的协调和承诺。从数据管理的角度来看，基本业务元数据包括数据定义、模型和元数据构架。必要的技术元数据包括文件和数据集技术描述、工作名称、处理计划等。

组织应该确定其对关键元数据生命周期管理的具体要求，并建立治理流程来达到这些要求。建议建立与元数据管理相关的正式的工作和职责，并分配给专用资源人员负责，特别是在大型或业务关键领域。元数据治理需要元数据和管理，从而负责管理元数据的团队可以测试它们创建和使用的元数据的原则。

你需要知道什么

（1）元数据管理是数据管理的基础。没有元数据就无法管理数据。

（2）元数据本身并不是目的。它是一种组织获取关于其数据的明确知识的方法，用以最小化风险和实现数据价值。

（3）大多数组织不能很好地管理其元数据，导致它们由于隐性成本增加而付出了代价；每个新项目中出现的不必要的返工（由此带来的不一致性风险），以及为了寻找和使用相关数据而产生的操作费用，都增加了管理数据的长期成本。

（4）元数据是数据。它有生命周期，应该基于生命周期进行管理。不同类型的元数据具有不同的特定生命周期需求。

（5）随着数据数量的增加和使用速度的提高，拥有可靠的元数据的好处也会增加。

第11章　数据质量管理

有效的数据管理会涉及一系列的相关活动，通过这些活动，组织可以利用自身的数据来实现战略目标。数据管理包括了对数据的使用、存储、安全访问、合理共享机制的设计。组织借助这些活动获取实现战略和执行目标的能力。组织要从自身数据中获取价值，就需要确认它们的数据是可靠并值得信赖的。换句话说，组织拥有的是高质量的数据。但在实际情况中，存在很多破坏数据质量的因素：

- 对低质量的数据会影响组织的成功这一情况缺乏认知
- 糟糕的或不完善的（数据管理）规划
- 孤立的系统流程设计
- 不一致的技术开发流程
- 不完善的文档和元数据
- 缺乏标准和管控

很多组织起初在定义何种数据符合组织目标的阶段就失败了，更谈不上对数据质量管理付诸努力了。

所有的数据管理准则都有助于提升数据质量，高质量的数据应该是所有数据管理准则的目标。由于存在对数据产生互相影响的决策和行为，且利益相关方彼此之间未互相沟通协调，因此数据质量很容易变差。高质量数据的产生需要获得跨职能部门的承诺和协调配合。组织和团队应知晓这些，并为高质量的数据做出规划，在执行流程和项目的过程中，应充分考虑不可预见的或不可接受的情况对数据产生的风险。

没有任何组织拥有无可挑剔的业务流程、技术流程和数据管理实践，因此所有组织都会遇到各自的数据质量问题。解决这些问题将花费巨大。与那些放任数据质量问题的组织相比，具有规范的数据质量管理的组织面临的问题会相对少一些。

数据质量正在变为商业业务的一种必要元素。一些法规要求组织具备证明数据是高质量的能力，如证明数据已被妥善地保护。业务合作伙伴和客户同样希望数据是可靠的。一个能够展示出较好数据管理能力的组织将享有竞争优势。

本章提出了数据质量相关核心概念，并探讨与全面数据管理有关的数据质量管理。

数据质量

术语“数据质量”既指与高质量数据相关的特性，也指用于测量或提高数据质量的过程。这种双重定义的用法会带来困扰，因此用“高质量数据”来加以描述，将有助于同时理解这两种含义。本章的后续部分我们将介绍“数据质量管理”。

能够达到数据消费者的期望并满足需求的数据才可以被称为高质量数据。也就是说，评判数据质量优劣的标准是能否满足数据消费者的需求。反之，不适用于数据消费者的数据则是低质量数据。由此可见，数据质量与数据消费者的使用场景和需求息息相关。

管理数据质量面临的一个挑战就是数据消费者可能没有清晰地描述出他们对数据质量的期望，所以数据管理者对此也并不了解。通常情况下，数据管理者甚至没有去了解这些数据需求。如果想要得到可靠并值得信赖的数据，数据管理专家就需要更深入地了解数据消费者的数据质量需求，同时也需要拥有更好的质量测量手段。由于数据质量需求会跟随内部的业务需求和外部的强制规范不断变化，所以需要持续地开展数据质量期望的探讨工作。

数据质量维度

“数据质量维度”是数据的一种可测量特征或属性。维度一词通常被用于物理物体的测量中（如长、宽、高）。数据质量维度是定义数据质量需求的一个专用词汇。数据质量维度可以用于定义初始数据质量评估结果及正在进行的测量进度。为了评估数据的质量，组织需要建立一些衡量的维度，这些维度不但对业务流程很重要，而且也应该是可测量、可操作的。

数据质量维度为可测量性规则提供了基础，而这些规则本身应与关键业务过程中的潜在风险直接相关。比如，如果客户电子邮件地址字段中的数据不完整，我们将无法通过电子邮件的渠道将产品信息送达客户，从而丢失潜在的销售额。这种风险的缓释方法是，我们可以通过测算电子邮件地址不可用客户所占的百分比，持续优化流程，直至电子邮件地址可用率占比达到98%以上。

许多著名的研究者都写过有关数据质量维度的文章。虽然数据质量维度还没有一个统一的定义，但却都包含了共同的理念。维度不仅包含一些可客观衡量的特征（完整性、有效性、格式的一致性等），而且还包含与业务场景紧密关联或具有主观解释的特征（可用性、可靠性、信誉度）。无论使用什么名称，维度都会专注于衡量是否有足够的数据（完整性），数据是否正确（准确性、有效性），数据是否彼此吻合（一致性、集成性、唯一性），数据是否随时间更新（及时性），以及数据的可访问性、可用性和安全性。

2013 年，DAMA 英国分会编写的一本白皮书提出了 6 个核心的数据质量维度，分别是：

（1）**完整性**（Completeness）。已存储数据占应存储数据的百分比。

（2）**唯一性**（Uniqueness）。任何实体的记录都不会多次出现。

（3）**实时性**（Timeliness）。数据体现特定时点现实情况的真实程度。

（4）**有效性**（Validity）。数据是否符合相关定义（格式、种类、范围）。

（5）**准确性**（Accuracy）。数据描述真实世界对象或事件的精准度。

（6）**一致性**（Consistency）。多处对同一个事物的描述不存在差异。

这本 DAMA 英国分会的白皮书还对影响数据质量的其他特性进行了阐述：

（1）**可用性**（Usability）。数据是否可理解、相关、可访问、可维护，并且具有合适的精准度。

（2）**时间问题**（Timing Issues）。除了本身的及时性，数据有效变更后是否已经稳定。

（3）**灵活性**（Flexibility）。与其他数据是否可比较、可兼容，是否可进行有用的可分组、可分类数据操作，是否能够支持用于新用途，是否便于进行数据处理。

（4）**可靠性**（Confidence）。数据治理、数据保护和数据安全是否到位，数据的可信赖度有多高，是经过验证的，还是可验证的。

（5）**价值性**（Value）。这些数据是否有一个好的成本/收益情况，是否以最佳的方式被使用，是否损害了人们的安全、隐私或企业的法律责任，是在支持还是在破坏公司的形象或宗旨。

任何想要提升数据质量的组织都应当采用或开发一套衡量数据质量的维度；应该就数据质量相关维度达成共识，并用这些共识作为与数据质量相关的一切讨论的基础。

数据质量管理

如上所述，“数据质量”一词有时也用来指代评估或提升数据质量的过程。这些过程构成了数据质量管理。虽然所有的数据管理功能都会影响到数据的质量，但规范的数据质量管理主要包括以下工作内容：

（1）通过数据质量（Data Quality，DQ）标准、规则和需求来定义高质量的数据。

（2）对照已制定的相关标准评估数据，并向利益相关方通报评估结果。

（3）对应用中的数据和数据存储进行监控和报告。

（4）识别问题并提出改进建议。

数据质量管理与其他产品的持续性质量管理非常相似。通过设置标准，并将质量控制嵌入数据生成、转换、存储及对照标准来测量数据的流程，数据管理贯穿了整个数据生命周期。如果要以这样的要求来管理数据，那么数据质量项目团队就必不可少。数据质量项目团队应该使业务和技术上的数据管理专家均参与到数据管理当中来，推动质量管理技术应用于数据质量管理，从而保证数据可用于各种业务目标。

数据质量项目团队很可能需要参与一系列的项目，在解决最高等级的数据问题的同时，通过这一系列的项目来建立流程和实施最佳实践。由于管理数据质量涉及数据的生命周期管理，数据质量管理的过程还会承担与数据使用有关的一些实操职责，比如报告数据质量水平，并参与数据问题的分析、量化和问题优先级排序。

数据质量项目团队还具有其他责任，比如确保数据满足那些需要数据才能开展工作的人员的质量需求，确保那些在工作过程中对数据进行生成、更新、删除操作的人员能妥善地处理数据。数据质量取决于参与数据交互操作的所有人员，而不仅仅是数据管理专家。

与数据治理（Data Governance）和数据管理（Data Management）一样，数据质量管理也是一个整体的流程，而不只是一个项目。它包括专题项目和日常维护工作，除此之外，还包括交流和培训。数据质量能够长期持续得到改进的关键在于组织能改变企业文化并采取数据质量思维模式。就像《领导者数据宣言》（*The Leader's Data Manifesto*）中所说：根本的、持续的变化需要坚定的领导者，需要让组织中所有层级的人员都参与进来。使用数据来开展工作的人员数量在大多数组织中都占据了很大的员工比重，因此需要他们一起来发动变革。需关注的最关键的变革之一，就是组织如何来管理和提升数据质量。

DAMA 的数据管理原则坚持数据管理即数据生命周期的管理，管理数据意味着管理数据质量。在整个数据生命周期中，数据质量管理活动帮助组织来确定数据质量目标，并测量数据质量。数据质量目标可能会随着组织对数据的使用演化而发生改变，如图 11-1 所示。

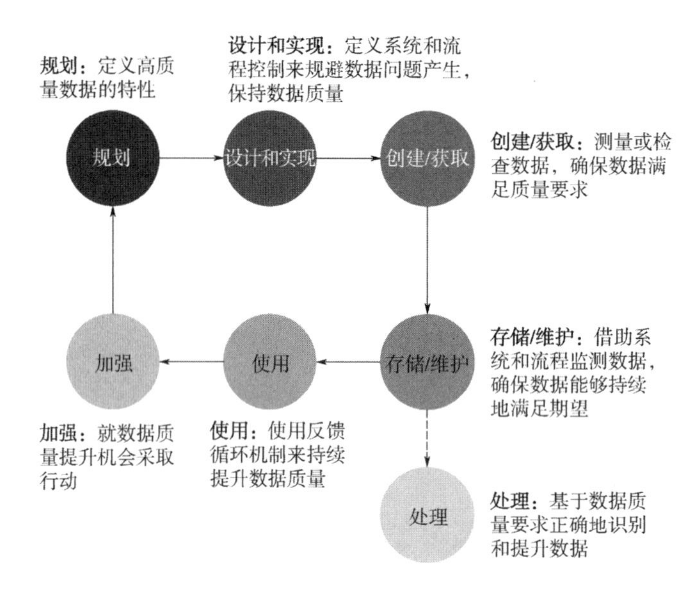

图 11-1　数据质量管理与数据生命周期

（资料来源：改编自 *DAMA-DMBOK2*，第 29 页）

数据质量和其他数据管理职能

如前文所述，数据管理的所有内容对数据质量都具有潜在的影响。而数据治理和数据专职管理制度（Data Stewardship）、数据模型、元数据管理，这三大块对于定义高质量的数据则具有直接的影响。如果这 3 个领域没有得到良好的执行，那么我们就会很难拥有可信赖的数据。这 3 个领域通过建立与数据相关的标准、定义和规则而实现彼此相关。数据质量就是满足和达到用户的要求。就整体而言，能满足用户的需求就是数据质量的目标。

数据质量的好坏基于数据能够多大程度上满足数据消费者的需求。拥有一个完善的数据管理流程，有助于组织对标准和需求进行规范化和文档化，依此来测量数据质量。

元数据定义了数据所代表的含义。数据管理专员和数据建模流程是元数据的重要来源。管理较好的元数据有助于数据质量的提升。元数据存储库可以存储数据质量的测量结果，从而在整个组织中共享，也便于数据质量团队参考并就问题优先级达成一致，促进问题解决。

由于数据管理理念经常与数据治理保持一致，同时数据质量问题是开展企业级数据治理的主要原因，因此数据质量项目作为数据治理项目的一部分时，数据治理成效将更加显著。将数据质量工作纳入总体治理工作，可使得数据质量团队与如下这些利益相关方和推动者一起开展工作：

（1）风险和安全人员，能够帮助识别与数据相关的组织漏洞。

（2）业务流程工程师和培训人员，可以帮助团队实施流程改进，从而提高效率，产生更适合下游使用的数据。

（3）业务和数据操作管理员及数据所有者，能够识别关键数据，定义标准和数据质量期望，设定数据问题整改优先级。

组织可以通过如下途径加快数据质量工作的开展：

（1）设定优先级。

（2）制定和维护与数据质量有关的标准和策略。

（3）建立沟通和知识共享机制。

（4）监控、汇报数据质量工作的执行效果和数据质量测量结果。

（5）分享数据质量探查结果，以此来树立数据质量意识、发现数据质量提升的机会。

数据治理也负有主数据管理和参考数据管理的责任。值得一提的是，主数据管理和参考数据管理是保证数据质量的两个很好的例子。仅仅将数据标记为“主数据”，就意味着对其内容和可靠性有一定的目标要求。

数据质量与法规

正如在本章导言中所指出的，卓有成效的数据质量如同数据安全一样，同样也提供了一种竞争优势。客户和业务伙伴都期望并且已经对数据的完整性和准确性产生诉求。在某些情况下，数据质量也是监管所要求的。数据管理实践可以被审计。与数据质量实践直接相关的法规包括本书前面就已经提到的例子：

（1）美国《萨班斯-奥克斯利法案》（*Sarbanes-Oxley*），关注金融交易准确性和有效性。

（2）欧盟《偿付能力监管标准Ⅱ》（*Solvency* Ⅱ），关注数据的沿袭性和支撑风险模型的数据的质量。

（3）欧盟《通用数据保护条例》（*General Data Protection Regulation*，GDPR），主张个人数据必须准确，如有必要，保持最新。应采取妥善措施删除或纠正不准确的个人数据。

（4）加拿大《个人信息保护和电子文件法案》（*Personal Information Protection and Electronic Documents Act*，PIPEDA），主张个人数据必须准确、完整、保持最新。

值得一提的是，虽然对个人数据的保护并没有具体的数据质量的要求，但是保护个人数据的能力在一定程度上取决于该数据的高质量。

数据质量提升周期

大多数提高数据质量的方法都是基于实体产品制造中的质量改进技术。在这个范例中，数据可以理解为一组过程的产物。最简单的做法是，流程被定义为一系列将输入转化为输出的步骤。数据生成的过程可以由一个步骤（数据收集）或多个步骤组成，包括数据收集、整合到数据仓库、在数据集市中集成等。任一步骤的失误都有可能对数据质量产生负面影响，比如数据收集时的错误、迁移时的丢失或重复，以及归类或汇总时的错误等。

提高数据质量，需要我们有能力去评估输入和产出之间的关系，以确保输入满足处理过程的要求，并使得产出符合预期。由于一个流程的输出还会成为其他流程的输入，因此数据质量需求必须沿整个数据链来定义。

改善数据质量的一般方法就是基于休哈特/戴明环（Shewhart/Deming Cycle）的一个版本，如图 11-2 所示。基于科学的方法，休哈特/戴明环是一种“计划-执行-检查-处理”问题解决模式。通过一组定义好的步骤来改进数据质量。数据质量状况要根据数据质量标准来衡量。如果数据不符合标准，则必须查明与标准不符的根本原因，并予以纠正。数据问题可能出现于数据处理过程中的任何步骤——技术的或非技术的。一旦完成修复，就要将数据纳入监控流程，以便保证数据质量能够持续地满足要求。

对于给定的数据集，数据质量改进环首先识别出不满足数据使用者需求的数据，以及阻碍业务目标实现的数据问题。我们需要根据关键的质量

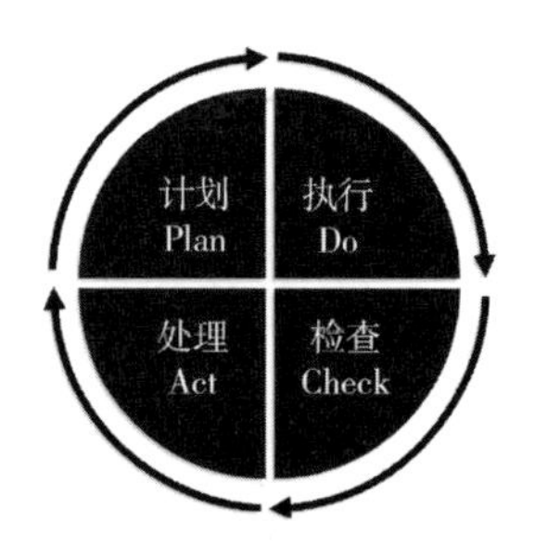

图 11-2　基于休哈特/戴明环的数据质量管理周期

（资料来源：*DAMA-DMBOK2*，第 263 页）

维度和已知的业务需求对数据进行评估；查明问题的根源，以便利益相关方能够知晓采取补救措施的成本，以及如果不补救可能包含的风险。这项工作通常是与数据管理员和其他利益相关方一起开展的。

在计划阶段（Plan Stage），数据质量团队评估已知问题的范围、影响和优先级，并确定解决这些问题的备选方案。这个规划应该建立在问题根本原因分析的坚实基础上。获悉这些问题的原因和影响，就可以了解成本/效益、确定优先级，并制订一项基本计划来解决问题。

在执行阶段（Do Stage），数据质量团队会致力于解决问题的根源，并持续监测数据的质量。对于非技术性（Non-technical）的根源问题，数据质量团队可以与业务流程所有者合作来实现修正；对于技术性（Technical）的根源问题，如果需要技术的变更，数据质量团队应与技术团队一起来实现这些变革，确保需求得以满足，同时这些技术的变革也不至于导致意外的错误。

检查阶段（Check Stage）涉及积极主动地对数据质量进行监控。通过对用户的需求对比和评估来监控数据的质量。只要数据达到定义的质量阈值，就不需要进行额外的操作，此时流程被视为是可控的，是能满足业务要求的。然而，如果数据低于可接受的质量阈值，则必须采取额外的行动，将质量提升到可接受的水平。

处理阶段（Act Stage）主要定位和解决新出现的数据质量问题。随着对问题根本原因的评估和解决办法的提出，循环周期重新开始。一个新的循环周期开始，意味着持续的质量提升得以实现。新的循环周期开始于：

（1）现有测量值低于质量阈值。

（2）出现了新的需要进一步审查的数据。

（3）对现有数据集产生了新的数据质量要求。

（4）业务规则、标准或期望发生改变。

在开始构建流程或系统时就建立数据质量标准，是组织在数据管理领域成熟的标志之一。因为这样做需要对数据进行治理，还需要建立相关的原则及展开跨职能部门的合作。

一开始就构建质量管理体系，在数据管理过程中的成本会低于后期再进行补充构建和改造带来的成本，在整个数据生命周期中维护高质量的数据比仅在现有过程中提高质量的风险要小，对组织的负面影响也小得多。

第一次就把事情做对当然最好，然而，很少有组织能够做到这一点。即使一开始做到了，质量管理也是一个持续的过程。随着时间的推移，不断变化的需求和组织自身的成长都会导致数据出现质量问题。这些问题如果不加以控制，就可能会产生高昂的代价。不过，如果一个组织关注潜在的风险，这些问题在萌芽阶段就可以得到处理。

数据质量与领导承诺

数据质量问题可以在数据生命周期的任何时刻出现——从数据的产生直到消除。在探查问题产生的根本原因时，分析人员应检查任何可能产生问题的环节，如数据录入、数据处理、系统设计、自动化程序中的手工干预等。很多问题的产生有多种因素，甚至人们用来解决这些问题的方法本身也可能是问题的诱因。通过对产生这些问题的原因进行分析，我们可以看到如下用来规避数据问题的方法：

（1）改进数据接口设计。

（2）将数据质量的检测作为流程的一部分。

（3）在系统设计阶段就对数据质量进行关注。

（4）严格控制自动化处理中的人工干预。

毫无疑问，我们应该采用以上这些预防策略。然而，现实情况和相关研究都表明，很多数据质量问题是组织对高质量数据缺乏承诺（Commitment）所导致的。这源自于领导层对数据治理和数据管理承诺的缺乏。

每个组织都拥有对其运营来说有价值的信息和数据资产。事实上，运营取决于信息共享的能力。尽管如此，很少有组织能对这些资产进行严格的管理。

许多数据治理和信息资产项目都是源于合规性的要求才开始的，这些项目不是由数据资产的潜在价值所驱动的。部分领导对此缺乏认知，意味着组织对将数据作为资产进行管理缺乏承诺，当然也就谈不上对数据质量的认知了。

对有效管理数据质量形成障碍的情况有：

（1）部分领导和员工缺乏相关数据质量意识。

（2）缺乏业务治理。

（3）缺乏领导和管理。

（4）改善理由不够充分。

（5）不合适或无效的衡量价值的工具。

这些障碍对客户体验、生产力、士气、组织效率、收益和竞争优势都有负面影响。它们增加了组织的运营成本，同时也引入了风险，如图 11-3 所示。

对问题产生的根本原因进行了解，并且认识到这些障碍——产生劣质数据的根本原因，赋予了组织如何提高其质量的洞察力。如果一个组织认识到自身缺乏强大的业务治理、所有权和问责制，那么它就可以通过建立业务治理、所有权和问责制来解决这些问题。如果领导层看到组织不知如何使信息发挥作用，那么就可以通过建立正确的数据质量管理过程使组织学习如何发挥信息的作用。

认识问题是解决问题的第一步。实际上，解决问题还有很多工作要做。

将信息作为资产来管理的大多数障碍都可归因于企业文化。解决这些问题需要一个规范的组织管理变革过程。

组织和文化变革

要提高数据的质量仅靠一系列的工具和概念是不够的。我们需要一

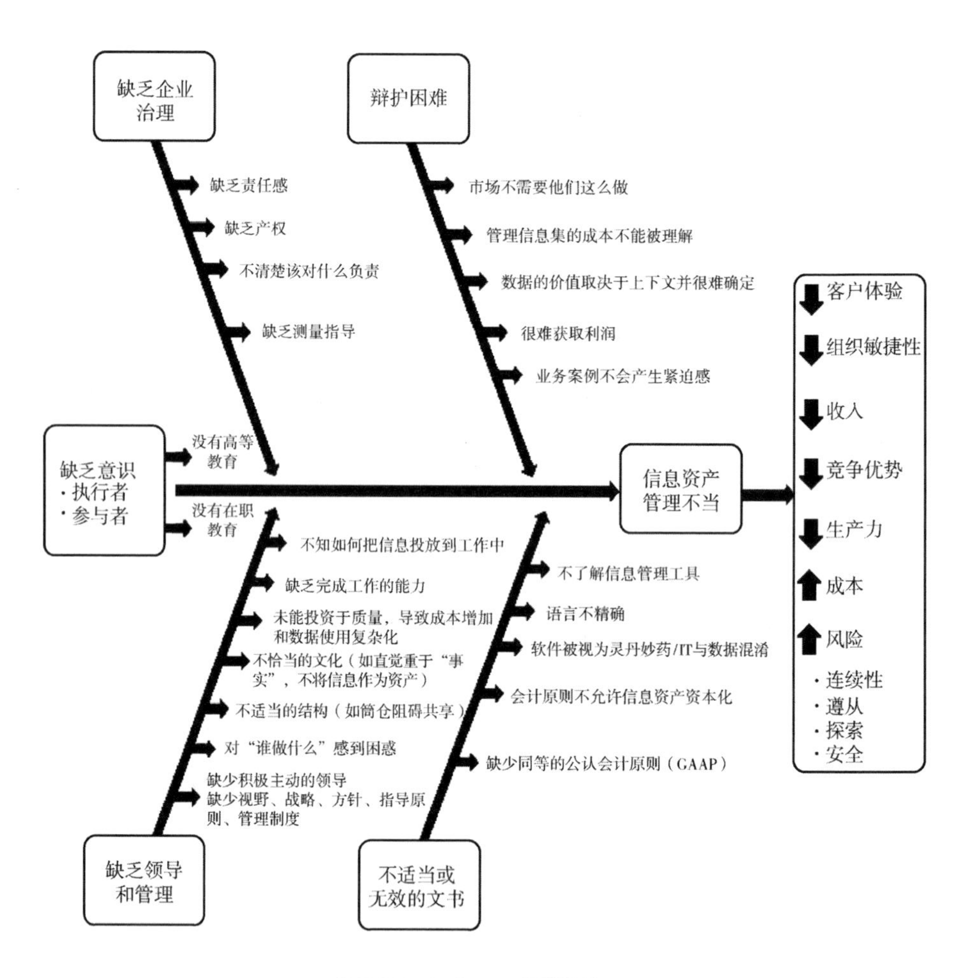

图 11-3　将信息作为业务资产进行管理的障碍

（资料来源：*DAMA-DMBOK2*，第 467 页）

种新的思维方式，需要帮助员工和利益相关方对服务于组织和客户的数据质量负责。若要组织对自身数据质量问题认真负责，往往需要组织有明显的企业文化变革。这样的变革对于企业愿景和领导力都有较高的要求。

第一步是建立一种对数据质量的认知，让大家都意识到数据在组织中的地位和对于组织的重要性，同时定义好高质量数据的那些特征。所有员工都必须负责任地行动起来，来提高数据的质量；数据消费者则应该提出高质量数据的需求，将高质量的信息提供给他人。由于接触数据的每个人都会影响数据的质量，所以数据质量就不仅仅是数据质量团队、数据治理团队或信息技术部门的责任。

正如员工需要知道获得新客户或留住现有客户的成本，他们也需要了解数据质量不佳给组织带来的成本，以及会导致数据质量不佳的环境因素。例如，如果客户数据不完整，客户可能会收到错误的产品，这样会给组织造成直接和间接的成本。客户不仅会退回产品，而且可能会打电话投诉，占用呼叫中心的时间，并可能对组织的声誉造成损害。如果客户数据不完整是因为组织没有提出明确的要求，那么每个使用该数据的人员都有责任明确质量需求并遵从标准。

最终，如果员工想要产生更高质量的数据，并以确保质量的方式来管理数据，他们的思维和行为模式就需要改变。要做到这一点，员工不仅需要获得培训，还需要有坚定的领导层来支持。

你需要知道什么

（1）劣质的数据会导致很高的成本，拥有高质量的数据会获益颇丰。

（2）数据的质量可以被管理和提升，就像实体产品的质量可以被管理和改进一样。

（3）一开始就获取正确的数据的成本远比获取了错误的数据导致后期

需要加以修正的代价要低得多。

（4）数据质量管理需要广泛的技能和组织承诺。

（5）组织对质量的承诺需要坚定的领导层。

第 12 章　现在应该怎么办

无论你是已经读过了本书的具体内容，还是只扫描了有关的章节，到这里，我们都希望你已经更好地理解了本书的前沿结论：可靠的数据从来都不是偶然产生的。我们想证明的是，管理良好的数据取决于计划、治理和对质量及安全的承诺，以及对数据管理过程的严格执行。

本章讨论在数据管理工作中初步改进组织成熟度的关键步骤，包括：

- 评估现状
- 了解需要改进的相关工作，以便制定数据管理路线图
- 启动一个组织变革管理（Organization Change Management）项目，以支持路线图的执行

评估当前状态

解决问题的第一步是理解问题。在定义任何新的组织或试图改进现有的组织之前，了解组织目前各个方面的现状非常重要，特别是那些与组织文化、现有操作模式和人员有关的方面。虽然不同组织文化变革的具体情况各不相同，但在改进数据管理现状的评估时都需要考虑以下几点：

（1）**数据在组织中的作用**。哪些关键过程是数据驱动的？如何定义和

理解数据需求？如何充分认识数据在组织战略中扮演的角色？组织以何种方式意识到劣质数据的成本？

（2）**对待数据的企业文化**。执行或改进数据管理和数据治理是否存在潜在的文化障碍？前端业务流程所有者是否知道其数据的后台应用？

（3）**数据管理和数据治理实践**。如何及由谁来执行与数据有关的工作？关于数据的决定是如何及由谁做出的？

（4）**如何组织和执行工作**。数据管理的具体项目和整个业务流程的关系是什么？有哪些委员会结构可以支持数据管理工作？IT/业务交互的操作模式是什么？如何资助项目？

（5）**报告关系**。组织是集中的还是分散的？是分级的还是统一的？团队是如何协作的？

（6）**技能水平**。主题专家（Subject Matter Experts，SMEs）和其他利益相关者（包括一线员工和管理人员）的数据知识和数据管理知识水平如何？

对当前状态的评估还应包括对当前状态的满意程度。这将有助于深入了解本组织的数据管理需求和优先事项。例如：

（1）**决策**。组织是否拥有做出可靠、及时的业务决策所需的信息。

（2）**报告**。组织对其收入报告和其他关键数据是否有信心。

（3）**关键业绩指标**。组织跟踪其关键绩效指标的效率如何。

（4）**遵守**。组织是否遵守所有数据管理的准则。

进行这种评估的最有效的方法是使用可靠的数据管理成熟度模型。该模型将提供关于组织如何与其他组织进行比较及对下一步工作的指导。

正如第3章所描述的，数据管理成熟度模型定义了5～6个成熟度级别，从不存在级或临时级到优化级或高性能级别，每个级别都有自己的特点。

以下数据管理成熟度宏观层面状态的概述说明了该概念。详细评估将包括人员、流程和技术等广泛类别的标准，以及在每个数据管理职能或知识领域内的战略、政策、标准、角色定义、技术/自动化等子类别的标准。

第 0 级，没有能力。该类组织没有数据管理实践，没有正式的企业流程来管理数据。很少有组织存在于 0 级。这个级别是为了定义数据管理成熟度而设立的。

第 1 级，初始/临时级。组织使用有限工具进行常规的目标数据管理，很少或根本没有数据治理。在此级，数据处理高度依赖少数专家；角色和责任是在某个业务领域内定义的；每个数据所有者自主地接收、生成和发送数据；即使存在数据控制手段，也很可能不一致；数据管理的解决方案很有限；数据质量问题普遍存在，没有得到解决；基础设施支持仅限于业务单元级别。评估的内容包括是否有任何数据处理的过程，比如是否记录数据质量问题等。

第 2 级，可重复级。组织有一贯性的数据管理工具和角色定义，以支持数据管理流程的执行。在第 2 级，组织开始使用集中的工具，并对数据管理提供更多的监督；定义了角色，数据处理不仅仅依赖于特定的专家；对数据质量问题和概念有了统一的认识；主数据和参考数据管理的概念开始被认可。评估重点包括软件工具中的正式角色定义，如职务描述、是否存在相关文档及利用工具的能力等。

第 3 级，已定义级。新兴的数据管理能力。第 3 级可看到可扩展的数据管理流程及其相应流程的制度化，数据赋能得到了体现。其特点包括跨组织复制数据、总体数据质量普遍提高、策略定义和管理协调一致等。在此级，更正式的过程定义使得人工的干预显著减少；有了一个集中的设计过程，意味着过程结果更可预测。评估标准包括数据管理策略的存在、可扩展的数据管理过程，以及数据模型和系统控制的一致性。

第4级，已管理级。从1～3级的提升过程中获得的知识使组织能够在新项目和任务之初就预测结果，并开始管理与数据相关的风险。数据管理包括绩效度量。第4级包括从桌面到基础设施的数据管理标准化工具，以及良好的集中式规划和治理能力等评估要素。处于这个成熟度级别的组织，要求数据质量和组织能力的提升可度量，如端到端的数据审计。评估标准包括项目成功评价标准、系统操作评价标准和数据质量评价标准。

第5级，优化级。对数据管理实践优化后，自动化处理和技术变更可以改变管理模式，实施效果是高度可预测的。处于这种成熟度级别的组织注重持续改进。在第5级，组织利用工具可以看到一个跨流程的全局数据视图；可以控制数据的无谓复制，避免不必要的冗余；使用易于理解的评估标准管理和衡量数据质量及过程。评估标准包括变更管理相关事项和对过程改进的相关指标。

图12-1展示了一种显示数据管理成熟度评估（Data Management Maturity Assessment，DMMA）数据治理框架的可视化摘要的方法。对于每个功能（治理、体系结构等），外环（期望等级）显示的是组织确定其在竞争中获得成功所需的能力水平；内环（当前等级）显示的是通过评估确定的能力水平。两个环之间距离最大的区域是组织面临的最大风险。这种方法可以帮助组织确定优先级，也可以用来衡量一段时间内数据管理的进展情况。

对当前状态评估的主要目标是了解组织现状，以便制订改进计划。准确的评价比高分更重要。正式的数据管理成熟度评估通过明确关键数据管理活动的具体优势和弱点，将组织置于合理的成熟度级别。这能帮助组织确定改进项目的实施时点和优先级。

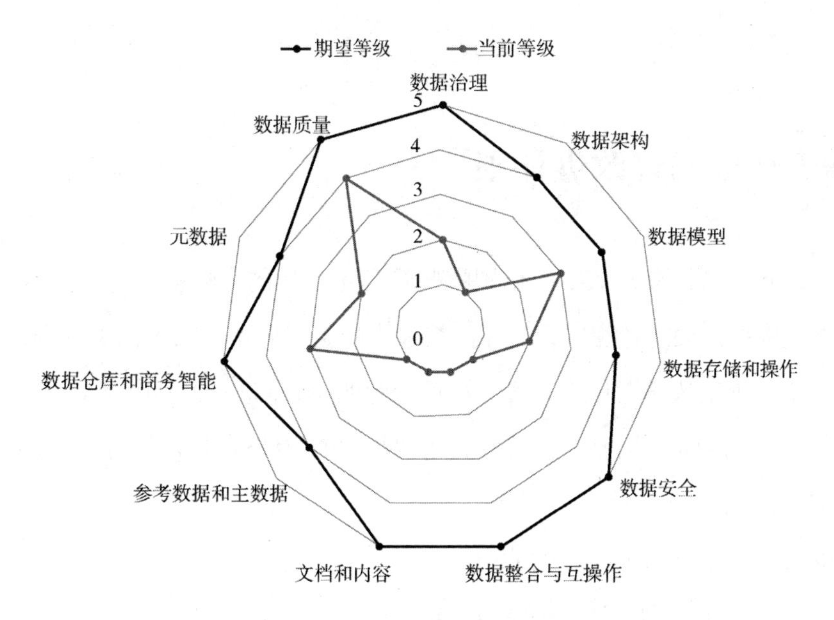

图 12-1　数据管理成熟度评估可视化示例

（资料来源：*DAMA-DMBOK2*，第 537 页）

在实现数据治理的主要目标时，DMMA 可以对企业文化产生积极影响。它有助于：

（1）教育、普及有关数据管理的概念、原则和做法。

（2）明确利益相关方在组织数据方面的作用和责任。

（3）强调需要将数据作为一项重要资产加以管理。

（4）在整个组织范围内扩大对数据管理活动的认识。

（5）为提升数据治理有效性所需的协作作出贡献。

根据评估结果，组织可以加强其数据管理规划，从而支持组织的业务和战略方向。通常，数据管理规划是在组织业务领域内确定的。它们很少从数据的企业视图开始。DMMA 可以帮助组织制定支持整体组织战略的统一愿景。DMMA 使组织能够明确优先事项，使目标具体化，并制订综合改进计划。

基于结果制订改进计划

现状评估将有助于组织识别哪些行动是有用的，哪些行动是无效的，以及在哪些方面还存在差距。评估结果为制定实施路线图提供了依据，有助于组织确定从哪里开始，以及如何快速地向前推进。目标应该集中在：

（1）与流程、方法、资源和自动化相关的那些通过改进有高价值回报的机会。

（2）与业务战略一致的能力。

（3）根据模型中评估的特点，定期评价组织数据治理的进展。

行动计划的具体内容将取决于现状评估结果，这里有一个例子能说明该过程是如何工作的。

表 12-1 给出了一个简化模型，它只涉及数据管理标准方法的采用及相关流程的自动化程度。

假设一个组织认识到需要提高其数据的质量。现状评估表明，它目前的成熟度处于第 1 级，还没有建立可重复的实践来测量数据质量，但是有些人已经进行尝试并得出一些结论。基于总体战略，该组织计划在 18 个月内从第 1 级提升到第 3 级。

要实现这一目标，组织就必须制订一项实施计划，确定若干工作流程：

（1）研究衡量数据质量的方法，并与组织的痛点、评价目标和行业实践一致。

（2）对工作人员进行方法培训。

（3）确定和采用支持方法执行的工具。

除了执行实现这些目标的计划外，组织的领导层还应考虑到未来的发展（即在进入第 3 级时，组织也应准备好进入第 4 级）。

表 12-1　数据质量评估的成熟度级别

成熟度等级	数据质量（DQ）测量特性	自动化程度
第 5 级，优化级：过程改进目标被量化	数据质量报告在管理利益相关者之间得到广泛共享。根据数据质量度量的结果来确定系统和业务流程改进时机，并报告这些改进带来的影响	报告包括警报是完全自动化的
第 4 级，已管理级：对过程进行量化和控制	系统和业务流程所有者必须度量其数据的质量并报告结果，以便数据使用者对数据质量有一致的了解	度量过程是完全自动化的
第 3 级，已定义级：制定和使用标准	定义了数据质量的度量标准，并且正在跨团队应用	采用了一种自动化的标准方法
第 2 级，可重复级：最低流程准则已到位	人们已经学会了度量数据质量的方法，并且正在制订一致的方法	过程仍然是手动的，但一些团队已经测试了自动化
第 1 级，初始/临时级：成功取决于个人的能力	个人尝试度量数据质量，但这并不是他们工作的主要内容，而且确定的方法尚未形成	什么工具都没有，完全靠手工度量
第 0 级，没有能力	不进行数据质量的度量	不适用

这个简单的例子展示了围绕计划改进数据管理的一个方面的总体思路。正如第 3 章所指出的，数据管理成熟度评估可以有不同的重点领域。

如果你的组织全面评估其数据管理实践，那么评估结果将包括许多需要改进的方面。这些都需要建立一定的优先级，以支持业务战略实施。

幸运的是，通过描述数据管理功能部门内和跨部门的进展情况，数据管理成熟度模型自身就已经自带了相关的实施指导功能。数据管理的改进路径可以根据组织需要和优先级别按阶段进行调整。

启动组织变革管理，以支持实施路线图

大多数试图改进数据管理或数据治理实践的组织都处于能力成熟度的中间位置（也就是说，它们在成熟度等级上既不在第 0 级，也不在第 5 级）。这意味着几乎所有人都需要改进他们的实践。

对大多数组织来说，改进数据管理实践需要改变人们协同工作的方式，改变他们理解数据在组织中的作用的方式，以及他们使用数据和采用技术支持组织流程的方式。成功的数据管理实践还需要：

（1）学习横向管理，调整信息价值链上的问责关系。

（2）将重点从垂直（业务领域）问责制转变为对数据的共同管理制度。

（3）将信息质量从一个特定的业务关注点或 IT 部门的工作转变为组织的核心价值，将关于信息质量的思维从“数据清理和积分卡”转变为更基本的组织能力，即将数据质量纳入管理过程。

（4）落地一系列的程序，来衡量不良数据管理的成本和规范化数据管理的价值。

成熟度水平的改变并不是通过技术实现的（尽管适当使用软件工具可

以支持实践)。相反，它是通过对组织变革的管理采取谨慎和结构化的方法来实现的。处于所有等级的组织都需要进行改进，必须进行管理和协调，以避免出现进入“死胡同”的举措，进而失去信任，并损害信息管理职能及其领导层的信誉。

文化变革需要规划、培训和不断强化。意识、所有权和问责制是鼓励和吸引人们自发地参与数据管理规划、策略和过程的关键。

组织变革管理的关键成功因素众所周知。不管组织的内部结构如何，以下 10 个因素一直被证明在有效的数据管理组织成功中起着关键作用：

（1）**高层支持**。执行发起人应理解并相信组织变革倡议。他或她必须能够有效地吸引其他领导者支持组织变革。

（2）**清晰的愿景**。组织领导者必须确保所有受数据管理影响的利益相关者——无论是内部的，还是外部的，都能理解数据管理是什么、为什么数据管理很重要，以及他们的工作将如何影响和受到数据管理的影响，并内化于心。

（3）**积极主动的变革管理**。组织将变革管理应用于数据管理实践的建立，解决人员面临的挑战，从而增加随着时间的推移组织架构能持续发展的可能性。

（4）**管理层意见一致**。管理层确保在数据管理项目的必要性及成功标准的定义方面统一思想，并一致支持。管理层意见统一包括领导者的目标和数据管理结果之间的一致性，以及领导者之间的价值取向和目标的一致性。

（5）**沟通**。组织必须确保利益相关者清楚地了解什么是数据管理、为什么数据管理对公司很重要、要做哪些变革，以及需要改变哪些行为。

（6）**利益相关者的参与**。受数据管理计划影响的个人及群体将对新项目及其在其中扮演的角色做出不同的反应。组织如何让这些利益相关者充分参与，如何与他们进行沟通，如何应对改变，都将对数据管理计划的成功与否产生重大影响。

(7) **任职培训**。培训是实现数据管理的关键。不同的人群（领导者、数据管理员、数据所有者、技术团队）将需要不同类型和级别的培训，以便有效地履行其职责。许多人都需要有关新的政策、过程、技术、程序甚至工具的培训。

(8) **实施评价**。围绕数据管理指南和计划进度构建度量标准，了解数据管理路线图是否正在运行及能否持续运行。数据管理有利于改进以数据为中心的过程，如月末结账、风险识别和项目执行效率。数据管理创新侧重于通过提高数据质量来改进决策和分析。

(9) **遵守指导原则**。DAMA 的数据管理原则等指导原则是组织做出所有决定的参考依据。制定这些指导原则是建立数据管理项目的第一步，这些项目可以有效地驱动数据管理行为的改变。

(10) **进化而不是革命**。在数据管理的所有方面，“进化而不是革命”的理念有助于最大限度地减少大变化或大规模高风险项目。建立一个随着时间推移而进化和成熟的组织，能够逐步改进按业务目标对数据进行管理和排序的方式，并确保组织在变革中采用新的策略和流程。

你需要知道什么

(1) 尽管数据管理工作很复杂，但相关工作仍然可以有效和高效地执行。

（2）作为一名组织的领导者，如果你能展示并分享你对数据治理工作的支持和承诺，你就能对组织数据赋能的能力做出重大贡献。

（3）对现状的了解是前进的第一步：先进行评估，确定自己处于数据管理的哪个级别，然后从那里开始制订和实施计划。

（4）你需要认识到，改变数据管理模式会改变人们的协作方式。变革管理，往往可以带来成功的企业文化变革。

（5）遵循一些原则和最佳实践，可以为组织从数据中获得更多价值扫清障碍。

致　　谢

本书是基于《DAMA 数据管理知识体系指南（原书第 2 版）》（*DAMA-DMBOK2*）而写的。*DAMA-DMBOK2* 一书来自诸多参与人的贡献。如果没有他们，就不会有 *DAMA-DMBOK2*，包括最初负责 *DAMA-DMBOK2* 手稿的编辑委员会的成员，以及数百名提供了完整反馈意见的 DAMA 会员。

主要贡献者和编辑包括 Robert Abate，Gene Boomer，Chris Bradley，Micheline Casey，Mark Cowan，Pat Cupoli，Susan Earley，Håkan Edvinsson，Deborah Henderson，Steve Hoberman，Ken Kring，Krish Krishnan，John Ladley，Lisa Nelson，Daragh O'Brien，Kelle O'Neal，Katherine O'Keefe，Mehmet Orun，April Reeve，David Schlesinger（CISSP），Sanjay Shirude，Eva Smith，Martin Sykora，Elena Sykora，Rossano Tavares，Andrea Thomsen 和 Saad Yacu。

DAMA 主席 Sue Geuens 女士提出了创建数据管理执行指南的想法。也正是因为她的积极倡议和激励，才促使这本书得以问世。作为 DMBOK 的发行人和数据建模界的新星，Steve Hoberman 再一次在本书的编撰过程中提供了宝贵的建议和指导。

特别感谢我的丈夫 George Sebastian-Coleman ，感谢他的支持、鼓励和耐心。

劳拉・塞巴斯蒂安-科尔曼博士、CDM、IQCP

出版物和编辑服务副总裁

DAMA

参考文献

Abernethy, Kenneth and J. Thomas Allen. *Exploring the Digital Domain: An Introduction to Computers and Information Fluency.* 2nd ed., 2004. Print.

Ackerman Anderson, Linda and Dean Anderson. *The Change Leader's Roadmap and Beyond Change Management.* 2nd ed. Pfeiffer, 2010. Print.

Adelman, Sid, Larissa Moss, and Majid Abai. *Data Strategy.* Addison-Wesley Professional, 2005. Print.

Afflerbach, Peter. *Essential Readings on Assessment.* International Reading Association, 2010. Print.

Ahlemann, Frederik, Eric Stettiner, Marcus Messerschmidt, and Christine Legner, editors. *Strategic Enterprise Architecture Management: Challenges, Best Practices, and Future Developments.* Springer, 2012. Print.

Aiken, Peter and Juanita Billings. *Monetizing Data Management: Finding the Value in your Organization's Most Important Asset.* Technics Publications, LLC, 2014. Print.

Aiken, Peter and Michael M. Gorman. *The Case for the Chief Data Officer: Recasting the C-Suite to Leverage Your Most Valuable Asset.* Morgan Kaufmann, 2013. Print.

Aiken, Peter and Todd Harbour. *Data Strategy and the Enterprise Executive.*

Technics Publishing, LLC, 2017. Print.

Allen, Mark and Dalton Cervo. *Multi-Domain Master Data Management: Advanced MDM and Data Governance in Practice.* Morgan Kaufmann, 2015. Print.

Anderson, Carl. *Creating a Data-Driven Organization.* O'Reilly Media, 2015. Print.

Andress, Jason. *The Basics of Information Security: Understanding the Fundamentals of InfoSec in Theory and Practice.* Syngress, 2011. Print.

Armistead, Leigh. *Information Operations Matters: Best Practices.* Potomac Books Inc. , 2010. Print.

Arthur, Lisa. *Big Data Marketing: Engage Your Customers More Effectively and Drive Value.* Wiley, 2013.

Barksdale, Susan and Teri Lund. *10 Steps to Successful Strategic Planning.* ASTD, 2006. Print.

Barlow, Mike. *Real-Time Big Data Analytics: Emerging Architecture.* O'Reilly Media, 2013.

Baskarada, Sasa. *IQM-CMM: Information Quality Management Capability Maturity Model.* Vieweg + Teubner Verlag, 2009. Print.

Batini, Carlo, and Monica Scannapieco. *Data Quality: Concepts, Methodologies and Techniques.* Springer, 2006. Print.

Bean, Randy. "The Chief Data Officer Dilemma" . Forbes, 29 January 2018. Retrieved from https://bit.ly/2J8ahVZ.

Becker, Ethan F. and Jon Wortmann. *Mastering Communication at Work: How to Lead, Manage, and Influence.* McGraw-Hill, 2009. Print.

Bernard, Scott A. *An Introduction to Enterprise Architecture.* 2nd ed. , Authorhouse, 2005. Print.

Berson, Alex and Larry Dubov. *Master Data Management and Customer Data Integration for a Global Enterprise.* McGraw-Hill, 2007. Print.

Bevan, Richard. *Changemaking: Tactics and resources for managing organizational change.* CreateSpace Independent Publishing Platform, 2011. Print.

Biere, Mike. *The New Era of Enterprise Business Intelligence: Using Analytics to Achieve a Global Competitive Advantage.* IBM Press, 2010. Print.

Blann, Andrew. *Data Handling and Analysis.* Oxford University Press, 2015. Print.

Blokdijk, Gerard. *Stakeholder Analysis-Simple Steps to Win, Insights and Opportunities for Maxing Out Success.* Complete Publishing, 2015. Print.

Boiko, Bob. *Content Management Bible.* 2nd ed. , Wiley, 2004. Print.

Borek, Alexander et al. *Total Information Risk Management: Maximizing the Value of Data and Information Assets.* Morgan Kaufmann, 2013. Print.

Boutros, Tristan and Tim Purdie. *The Process Improvement Handbook: A Blueprint for Managing Change and Increasing Organizational Performance.* McGraw-Hill Education, 2013. Print.

Brackett, Michael H. *Data Resource Design: Reality Beyond Illusion.* Technics Publications, LLC, 2012.

Brennan, Michael. "Can computers be racist? Big data, inequality, and discrimination." Ford Foundation Equals Change, 18 November 2015. Retrieved from https://bit.ly/1Om41ap.

Brestoff, Nelson E. and William H. Inmon. *Preventing Litigation: An Early Warning System to Get Big Value Out of Big Data.* Business Expert Press, 2015.

Print.

Bridges, William. *Managing Transitions: Making the Most of Change.* Da Capo Lifelong Books, 2009.

Bryce, Tim. "Benefits of a Data Taxonomy." Toolbox Tech, 11 July 2005. Retrieved from http://it.toolbox.com/blogs/irm-blog/the-benefits-of-a-data-taxonomy-4916.

Brzezinski, Robert. *HIPAA Privacy and Security Compliance-Simplified: Practical Guide for Healthcare Providers and Practice Managers.* CreateSpace Independent Publishing Platform, 2014. Print.

Carstensen, Jared, Bernard Golden, and JP Morgenthal. *Cloud Computing-Assessing the Risks.* IT Governance Publishing, 2012. Print.

Cassell, Kay Ann and Uma Hiremath. *Reference and Information Services: An Introduction.* 3d ed., ALA Neal-Schuman, 2012. Print.

Center for Creative Leadership (CCL), Talula Cartwright, and David Baldwin. *Communicating Your Vision.* Pfeiffer, 2007. Print.

Chisholm, Malcolm and Roblyn-Lee, Diane. *Definitions in Data Management: A Guide to Fundamental Semantic Metadata.* Design Media, 2008. Print.

Chisholm, Malcolm. *Managing Reference Data in Enterprise Databases: Binding Corporate Data to the Wider World.* Morgan Kaufmann, 2000. Print.

CMMI Institute. http://cmmiinstitute.com/data-management-maturity.

Cokins, Gary et al. *CIO Best Practices: Enabling Strategic Value with Information Technology.* 2nd ed., Wiley, 2010. Print.

Collier, Ken W. *Agile Analytics: A Value-Driven Approach to Business Intelligence and Data Warehousing.* Addison-Wesley Professional, 2011. Print.

Confessore, Nicholas and Danny Hakim. "Data Firm says 'Secret Sauce' Aided Trump; Many Scoff." New York Times, 6 March 2017. Retrieved from https://nyti.ms/2J2aDx2.

Contreras, Melissa. *People Skills for Business: Winning Social Skills That Put You Ahead of the Competition.* CreateSpace Independent Publishing Platform, 2013. Print.

Council for Big Data, Ethics, and Society. http://bdes.datasociety.net/

Curley, Martin, Jim Kenneally, and Marian Carcary (editors). IT Capability Maturity Framework IT-CMF. Van Haren Publishing, 2015. Print.

DAMA International. *The DAMA Data Management Body of Knowledge (DMBOK2)*. 2nd ed., Technics Publications, LLC, 2017. Print.

DAMA International. *The DAMA Dictionary of Data Management.* 2nd ed., Technics Publications, LLC, 2011. Print.

Darrow, Barb. "Is Big Data Killing Democracy?" Fortune Magazine, 15 September 2017. Retrieved from http://fortune.com/2017/09/15/election-data-democracy/.

Data Leader. https://dataleaders.org.

Davenport, Thomas H. *Big Data at Work: Dispelling the Myths, Uncovering the Opportunities.* Harvard Business Review Press, 2014. Print.

Davis, Kord. *Ethics of Big Data: Balancing Risk and Innovation.* O'Reilly Media, 2012. Print.

Dean, Jared. *Big Data, Data Mining, and Machine Learning: Value Creation for Business Leaders and Practitioners.* Wiley, 2014. Print.

Doan, AnHai, Alon Halevy, and Zachary Ives. *Principles of Data Integration.*

Morgan Kaufmann, 2012.

Dwivedi, Himanshu. *Securing Storage: A Practical Guide to SAN and NAS Security.* Addison-Wesley Professional, 2005. Print.

Dyche, Jill and Evan Levy. *Customer Data Integration: Reaching a Single Version of the Truth.* John Wiley & Sons, 2006. Print.

Eckerson, Wayne W. *Performance Dashboards: Measuring, Monitoring, and Managing Your Business.* Wiley, 2005. Print.

Edvinsson, Håkan and Lottie Aderinne. *Enterprise Architecture Made Simple: Using the Ready, Set, Go Approach to Achieving Information Centricity.* Technics Publications, LLC, 2013. Print.

EMC Education Services, ed. *Data Science and Big Data Analytics: Discovering, Analyzing, Visualizing and Presenting Data.* Wiley, 2015. Print.

English, Larry. *Improving Data Warehouse and Business Information Quality: Methods For Reducing Costs And Increasing Profits.* John Wiley & Sons, 1999. Print.

English, Larry. *Information Quality Applied: Best Practices for Improving Business Information, Processes, and Systems.* Wiley Publishing, 2009. Print.

Evans, Nina and Price, James. "Barriers to the Effective Deployment of Information Assets: An Executive Management Perspective." Interdisciplinary Journal of Information, Knowledge, and Management, Volume 7, 2012. Retrieved from https://dataleaders.org/.

Executive Office of the President, National Science and Technology Council Committee on Technology. "Preparing for the Future of Artificial Intelligence." National Archives, October 2016. Retrieved from https://bit.ly/2j3XA4k.

Federal Trade Commission, US (FTC). "Federal Trade Commission Report Protecting Consumer Privacy in an Era of Rapid Change." March 2012. Retrieved from https://bit.ly/2rVgTxQ.

Fisher, Craig, Eitel Lauría, Shobha Chengalur-Smith, and Richard Wang. *Introduction to Information Quality.* M. I. T. Information Quality Program Publications, 2006. Print.

Fisher, Tony. *The Data Asset: How Smart Companies Govern Their Data for Business Success.* Wiley, 2009. Print.

Foreman, John W. *Data Smart: Using Data Science to Transform Information into Insight.* Wiley, 2013.

Freund, Jack and Jack Jones. *Measuring and Managing Information Risk: A FAIR Approach.* Butterworth-Heinemann, 2014. Print.

Fuster, Gloria González. "The Emergence of Personal Data Protection as a Fundamental Right of the EU." Springer, 2014. Print.

Gartner, Tom McCall, contributor. "Understanding the Chief Data Officer Role." 18 February 2015. Retrieved from https://gtnr.it/1RIDKa6.

Regulation (EU) 2016/679 of the European Parliament and of the Council of 27 April 2016 on the protection of natural persons with regard to the processing of personal data and on the free movement of such data, and repealing Directive 95/46/EC (General Data Protection Regulation). Retrieved from http://data.europa.eu/eli/reg/2016/679/oj.

Gemignani, Zach, et al. *Data Fluency: Empowering Your Organization with Effective Data Communication.* Wiley, 2014. Print.

Ghavami, Peter PhD. *Big Data Governance: Modern Data Management Principles for Hadoop, NoSQL & Big Data Analytics.* CreateSpace Independent Publishing Platform, 2015. Print.

Gibbons, Paul. *The Science of Successful Organizational Change: How Leaders Set Strategy, Change Behavior, and Create an Agile Culture.* Pearson FT Press, 2015. Print.

Giordano, Anthony David. *Performing Information Governance: A Step-by-step Guide to Making Information Governance Work.* IBM Press, 2014. Print.

Hagan, Paula J. , ed. *EABOK: Guide to the (Evolving) Enterprise Architecture Body of Knowledge.* MITRE Corporation, 2004. Retrieved from https: //bit. ly/2HisN1m.

Halpin, Terry. *Information Modeling and Relational Databases: From Conceptual Analysis to Logical Design.* Morgan Kaufmann, 2001. Print.

Harkins, Malcolm. *Managing Risk and Information Security: Protect to Enable (Expert's Voice in Information Technology)* . Apress, 2012.

Harrison, Michael I. *Diagnosing Organizations: Methods, Models, and Processes.* 3rd ed. , SAGE Publications, Inc. , 2004. Print.

Hasselbalch, Gry and Pernille Tranberg. *Data Ethics: The New Competitive Advantage.* Publishare, 2016.

Hay, David C. *Data Model Patterns: A Metadata Map.* Morgan Kaufmann, 2006. Print.

Hayden, Lance. *IT Security Metrics: A Practical Framework for Measuring Security & Protecting Data.* McGraw-Hill Osborne Media, 2010. Print.

Hiatt, Jeffrey and Timothy Creasey. *Change Management: The People Side of Change.* Prosci Learning Center Publications, 2012. Print.

Hillard, Robert. *Information-Driven Business: How to Manage Data and Information for Maximum Advantage.* Wiley, 2010. Print.

Hoberman, Steve, Donna Burbank, and Chris Bradley. *Data Modeling for the Business: A Handbook for Aligning the Business with IT using High-Level Data Models.* Technics Publications, LLC, 2009. Print.

Holman, Peggy, Tom Devane, Steven Cady. *The Change Handbook: The Definitive Resource on Today's Best Methods for Engaging Whole Systems.* 2nd ed. Berrett-Koehler Publishers, 2007. Print.

Hoogervorst, Jan A. P. *Enterprise Governance and Enterprise Engineering.* Springer, 2009. Print.

Howson, Cindi. *Successful Business Intelligence: Unlock the Value of BI & Big Data.* 2nd ed., Mcgraw-Hill Osborne Media, 2013. Print.

Inmon (Website) https://bit.ly/1FtgeIL.

Inmon, W. *Building the Data Warehouse.* 4th ed., Wiley, 2005. Print.

Inmon, W. H., Claudia Imhoff, and Ryan Sousa. *The Corporate Information Factory.* 2nd ed., John Wiley & Sons, 2000. Print.

Inmon, W. H., and Dan Linstedt. *Data Architecture: A Primer for the Data Scientist: Big Data, Data Warehouse and Data Vault.* 1st ed., Morgan Kaufmann, 2014.

Jensen, David. "Data Snooping, Dredging and Fishing: The Dark Side of Data Mining A SIGKDD99 Panel Report." ACM SIGKDD, Vol. 1, Issue 2. January 2000. Retrieved from http://ftp.bstu.by/ai/Datamining/Stock-market/expl99.pdf.

Johnson, Deborah G. *Computer Ethics.* 4th ed., Pearson, 2009. Print.

Jugulum, Rajesh. *Competing with High Quality Data.* Wiley, 2014. Print.

Kark, Khalid. "Building a Business Case for Information Security" . Computer World, 10 August 2009. Retrieved from https: //bit. ly/2qFyjk2.

Kaunert, C. and S. Leonard, eds. *European Security, Terrorism and Intelligence: Tackling New Security Challenges in Europe.* Palgrave Macmillan, 2013. Print.

Kennedy, Gwen, and Leighton Peter Prabhu. *Data Privacy: A Practical Guide.* Interstice Consulting LLP, 2014.

Kent, William. *Data and Reality: A Timeless Perspective on Perceiving and Managing Information in Our Imprecise World.* 3d ed. , Technics Publications, LLC, 2012. Print.

Kimball, Ralph, and Margy Ross. *The Data Warehouse Toolkit: The Definitive Guide to Dimensional Modeling.* 3d ed. , Wiley, 2013. Print.

Kitchin, Rob. *The Data Revolution: Big Data, Open Data, Data Infrastructures and Their Consequences.* SAGE Publications Ltd. , 2014. Print.

Kotter, John P. *Leading Change.* Harvard Business Review Press, 2012. Print.

Kring, Kenneth L. *Business Strategy Mapping -The Power of Knowing How it All Fits Together.* Langdon Street Press, 2009. Print.

Krishnan, Krish. *Data Warehousing in the Age of Big Data.* Morgan Kaufmann, 2013. Print.

Ladley, John. *Data Governance: How to Design, Deploy and Sustain an Effective Data Governance Program.* Morgan Kaufmann, 2012. Print.

Ladley, John. *Making Enterprise Information Management (EIM) Work for Business: A Guide to Understanding Information as an Asset.* Morgan Kaufmann,

2010. Print.

Lake, Peter and Robert Drake. *Information Systems Management in the Big Data Era.* Springer, 2015.

Lambe, Patrick. *Organising Knowledge: Taxonomies, Knowledge and Organisational Effectiveness.* Chandos Publishing, 2007. Print.

Laney, Doug. "3D Data Management: Controlling Data Volume, Velocity, and Variety." The Meta Group, 6 February 2001. Retrieved from https://gtnr.it/1bKflKH.

Laney, Douglas. *Infonomics: How to Monetize, Manage, and Measure Information as an Asset for Competitive Advantage.* Gartner, 2018.

Lankhorst, Marc. *Enterprise Architecture at Work: Modeling, Communication and Analysis.* Springer, 2005. Print.

Lee, Yang W., Leo L. Pipino, James D. Funk, and Richard Y. Wang. *Journey to Data Quality.* The MIT Press, 2006. Print.

Lipschultz, Jeremy Harris. *Social Media Communication: Concepts, Practices, Data, Law and Ethics.* Routledge, 2014. Print.

Loh, Steve. *Data-ism: The Revolution Transforming Decision Making, Consumer Behavior, and Almost Everything Else.* HarperBusiness, 2015. Print.

Loshin, David. *Enterprise Knowledge Management: The Data Quality Approach.* Morgan Kaufmann, 2001. Print.

Loshin, David. *Master Data Management.* Morgan Kaufmann, 2009. Print.

Loukides, Mike. *What Is Data Science?* O'Reilly Media, 2012.

Luecke, Richard. *Managing Change and Transition.* Harvard Business Review Press, 2003. Print.

Martin, James and Joe Leben. *Strategic Information Planning Methodologies.* 2nd ed. , Prentice Hall, 1989. Print.

Marz, Nathan and James Warren. *Big Data: Principles and best practices of scalable realtime data systems.* Manning Publications, 2015. Print.

Maydanchik, Arkady. *Data Quality Assessment.* Technics Publications, LLC, 2007. Print.

Mayfield, M. I. *On Handling the Data.* CreateSpace Independent Publishing Platform, 2015. Print.

McCandless, David. *Information is Beautiful.* Collins, 2012.

McGilvray, Danette. *Executing Data Quality Projects: Ten Steps to Quality Data and Trusted Information.* Morgan Kaufmann, 2008. Print.

McKnight, William. *Information Management: Strategies for Gaining a Competitive Advantage with Data.* Morgan Kaufmann, 2013. Print.

McSweeney, Alan. *Review of Data Management Maturity Models.* SlideShare, 23 October 2013. Retrieved from https://bit.ly/2spTCY9.

Moody, Daniel and Walsh, Peter. "Measuring The Value of Information: An Asset Valuation Approach." European Conference on Information Systems (ECIS), 1999. Retrieved from https://bit.ly/29JucLO.

Myers, Dan. "The Value of Using the Dimensions of Data Quality." Information Management, August 2013. Retrieved from https://bit.ly/2tsMYiA.

National Institute for Standards and Technology (US Department of Commerce). "Cybersecurity Framework." Retrieved from https://bit.ly/1eQYolG.

Nichols, Kevin. *Enterprise Content Strategy: A Project Guide.* XML Press, 2015. Print.

O'Keefe, Katherine and Daragh O Brien. *Ethical Data and Information Management.* Kogan Page, 2018.

Olson, Jack E. *Data Quality: The Accuracy Dimension.* Morgan Kaufmann, 2003. Print.

Park, Jung-ran, editor. *Metadata Best Practices and Guidelines: Current Implementation and Future Trends.* Routledge, 2014. Print.

Plotkin, David. *Data Stewardship: An Actionable Guide to Effective Data Management and Data Governance.* Morgan Kaufmann, 2013. Print.

Pomerantz, Jeffrey. *Metadata.* The MIT Press, 2015. Print.

PROSCI. "ADKAR: Why it Works." Retrieved from https://bit.ly/2tt1bf9.

Provost, Foster and Tom Fawcett. *Data Science for Business: What you need to know about data mining and data-analytic thinking.* O'Reilly Media, 2013. Print.

Quinn, Michael J. *Ethics for the Information Age.* 6th ed., Pearson, 2014. Print.

Redman, Thomas. "Bad Data Costs U. S. $3 Trillion per Year." Harvard Business Review, 22 September 2016.

Redman, Thomas. *Data Driven: Profiting from Your Most Important Business Asset.* Harvard Business Review Press, 2008. Print.

Redman, Thomas. *Data Quality: The Field Guide.* Digital Press, 2001. Print.

Redman, Thomas. *Getting in Front on Data.* Technics Publishing, LLC, 2017.

Reeve, April. *Managing Data in Motion: Data Integration Best Practice Techniques and Technologies.* Morgan Kaufmann, 2013. Print.

Reeves, Laura L. *A Manager's Guide to Data Warehousing.* Wiley, 2009. Print.

Reid, Roger, Gareth Fraser-King, and W. David Schwaderer. *Data Lifecycles: Managing Data for Strategic Advantage.* Wiley, 2007. Print.

Reinke, Guido. *The Regulatory Compliance Matrix: Regulation of Financial Services, Information and Communication Technology, and Generally Related Matters.* GOLD RUSH Publishing, 2015. Print.

Rhoton, John. *Cloud Computing Explained: Implementation Handbook for Enterprises.* Recursive Press, 2009. Print.

Russell, Matthew A. *Mining the Social Web: Data Mining Facebook, Twitter, LinkedIn, Google +, GitHub, and More.* 2nd ed., O'Reilly Media, 2013. Print.

Salminen, Joni and Valtteri Kaartemo, eds. *Big Data: Definitions, Business Logics, and Best Practices to Apply in Your Business.* Amazon Digital Services, Inc., 2014.

Schmarzo, Bill. *Big Data MBA: Driving Business Strategies with Data Science.* Wiley, 2015. Print.

Sebastian-Coleman, Laura. *Measuring Data Quality for Ongoing Improvement: A Data Quality Assessment Framework.* Morgan Kaufmann, 2013. Print.

Seiner, Robert S. *Non-Invasive Data Governance.* Technics Publishing, LLC, 2014. Print.

Sherman, Rick. *Business Intelligence Guidebook: From Data Integration to Analytics.* Morgan Kaufmann, 2014. Print.

Simon, Alan. *Modern Enterprise Business Intelligence and Data Management: A Roadmap for IT Directors, Managers, and Architects.* Morgan Kaufmann, 2014. Print.

Simsion, Graeme. *Data Modeling: Theory and Practice.* Technics Publications,

LLC, 2007. Print.

Singer, P. W. and Allan Friedman. *Cybersecurity and Cyberwar: What Everyone Needs to Know®*. Oxford University Press, 2014. Print.

Smallwood, Robert F. *Information Governance: Concepts, Strategies, and Best Practices.* Wiley, 2014. Print.

Soares, Sunil. *Selling Information Governance to the Business: Best Practices by Industry and Job Function.* MC Press, 2011. Print.

Soares, Sunil. *The Chief Data Officer Handbook for Data Governance.* MC Press, 2015. Print.

Spewak, Steven and Steven C. Hill. *Enterprise Architecture Planning: Developing a Blueprint for Data, Applications, and Technology.* 2nd ed., Wiley-QED, 1993. Print

Surdak, Christopher. *Data Crush: How the Information Tidal Wave is Driving New Business Opportunities.* AMACOM, 2014. Print.

Talburt, John and Yinle Zhou. *Entity Information Management Lifecycle for Big Data.* Morgan Kauffman, 2015. Print.

Talburt, John. *Entity Resolution and Information Quality.* Morgan Kaufmann, 2011. Print.

Tarantino, Anthony. *The Governance, Risk, and Compliance Handbook: Technology, Finance, Environmental, and International Guidance and Best Practices.* Wiley, 2008. Print.

The Data Governance Institute (Web site). https://bit.ly/1ef0tnb.

Thomas, Liisa M. *Thomas On Data Breach: A Practical Guide to Handling Data Breach Notifications Worldwide.* LegalWorks, 2015. Print.

Tufte, Edward R. *The Visual Display of Quantitative Information.* 2nd ed. , Graphics Press, 2001. Print.

US Department of Commerce. *Guidelines on Security and Privacy in Public Cloud Computing.* CreateSpace Independent Publishing Platform, 2014. Print.

US Department of Defense. *Information Operations: Doctrine, Tactics, Techniques, and Procedures.* 2011.

US Department of Health and Human Services. "The Belmont Report." 1979. Retrieved from https://bit.ly/2tNjb3u.

US Department of Homeland Security. "Applying Principles to Information and Communication Technology Research: A Companion to the Department of Homeland Security Menlo Report". 3 January 2012. Retrieved from https://bit.ly/2rV2mSR.

Van der Lans, Rick. *Data Virtualization for Business Intelligence Systems: Revolutionizing Data Integration for Data Warehouses.* Morgan Kaufmann, 2012. Print.

Van Rijmenam, Mark. *Think Bigger: Developing a Successful Big Data Strategy for Your Business.* AMACOM, 2014. Print.

Verhoef, Peter C. , Edwin Kooge, and Natasha Walk. *Creating Value with Big Data Analytics: Making Smarter Marketing Decisions.* Routledge, 2016. Print.

Vitt, Elizabeth, Michael Luckevich, and Stacia Misner. *Business Intelligence.* Microsoft Press, 2008. Print.

Waclawski, Janine. *Organization Development: A Data-Driven Approach to Organizational Change.* Pfeiffer, 2001. Print.

Warden, Pete. *Big Data Glossary.* O'Reilly Media, 2011. Print. Williams,

Branden R. and Anton Chuvakin Ph. D. *PCI Compliance: Understand and Implement Effective PCI Data Security Standard Compliance.* 4th ed. , Syngress, 2014. Print.

Zeng, Marcia Lei and Jian Qin. *Metadata.* 2nd ed. , ALA NealSchuman, 2015. Print.

索　　引

1. 本索引按汉语拼音字母顺序排列。

2. 非汉字开头的索引词按英文字母顺序排在本索引最后部分。